U0274293

CAD/CAM 技术
在机械行业中的应用及实例分析

彭　婧　李胜利　著

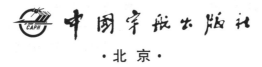

中国宇航出版社

·北京·

版权所有　侵权必究

图书在版编目（CIP）数据

CAD/CAM 技术在机械行业中的应用及实例分析 / 彭婧，李胜利著. -- 北京 : 中国宇航出版社，2023.5

　　ISBN 978 - 7 - 5159 - 2243 - 0

　　Ⅰ . ①C… 　Ⅱ . ①彭… ②李… 　Ⅲ . ①机械设计－计算机辅助设计－应用软件 　Ⅳ . ①TH122

　　中国国家版本馆 CIP 数据核字（2023）第 089478 号

责任编辑 朱琳琳 　　**封面设计** 王晓武

出 版
发 行　　**中国宇航出版社**

社　址　北京市阜成路 8 号　邮　编　100830
　　　　（010）68768548
网　址　www.caphbook.com
经　销　新华书店
发行部　（010）68767386　　（010）68371900
　　　　（010）68767382　　（010）88100613（传真）
零售店　读者服务部　　（010）68371105
承　印　北京厚诚则铭印刷科技有限公司

版　次　2023 年 5 月第 1 版
　　　　2023 年 5 月第 1 次印刷
规　格　787×1092
开　本　1/16
印　张　11.5
字　数　280 千字
书　号　ISBN 978 - 7 - 5159 - 2243 - 0
定　价　80.00 元

本书如有印装质量问题，可与发行部联系调换

前　言

随着现代设计与制造技术的发展，使用计算机作为辅助工具进行产品的设计、分析、工艺规划、加工、测量，大大提高了产品的质量、生产率与可靠性，尤其是在以人工智能为引领的智能制造领域，CAD/CAM 作为其核心技术，具有举足轻重的作用。2008 年全球金融危机对各国制造业造成不同程度的冲击，为了应对危机，世界上主要的制造业国家出台了一些制造业振兴战略，瞄准产业新的制高点。高度发展的信息技术、互联网技术与制造业的深度融合，促使制造技术呈现出数字化发展的特点。因此，掌握 CAD/CAM 技术在机械行业中的应用与案例，能够更好地熟悉并利用好这一技术，适应智能制造的发展要求。

本书内容分为 8 章：第 1 章介绍了现代制造业产品生产过程及常用 CAD/CAM 软件；第 2 章介绍了 CAD 技术、CAM 技术在机械行业中的应用；第 3 章介绍了 CAXA 电子图板在机械 CAD 技术中的应用案例；第 4 章介绍了 Solidworks 软件在机械 CAD 技术中的应用案例；第 5 章介绍了 Croe 软件在机械 CAD/CAM 技术中的应用案例；第 6 章介绍了 PowerMILL 软件在机械 CAM 技术中的应用案例；第 7 章介绍了 UG 软件在机械 CAM 技术中的应用案例；第 8 章介绍了机械创新设计案例。

本书理论部分总结整理了最新的 CAD/CAM 技术成果，案例分析是多年来作者实际生产和教学中的典型案例，具有很好的针对性和实用性。本书前言、第 1 章、第 2 章、第 3 章、第 4 章、第 7 章由廊坊燕京职业技术学院彭婧执笔，约 140 千字；第 5 章、第 6 章、第 8 章由廊坊燕京职业技术学院李胜利执笔，约 140 千字；最后由第一作者彭婧统一整理定稿。

由于作者水平有限，书中难免有疏漏之处，恳请广大读者指正。

目　录

第 1 章　CAD/CAM 技术概述

1.1　现代制造业产品生产过程

随着计算机技术的快速发展及应用普及，计算机在制造业中逐步参与设计与制造过程，成为一种现代制造的辅助工具。从传统的产品制造过程来看，从市场需求分析开始，经过产品几何造型、工程分析、仿真模拟、图形处理等环节，最后形成用户所需要的产品，如图 1-1 所示。

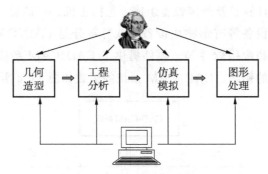

图 1-1　产品生产过程

计算机辅助设计（CAD）即在产品设计阶段，借助计算机来辅助完成任务规划、概念设计、详细设计、结构设计。计算机辅助工程（CAE）即借助计算机对产品初步设计阶段设计的结构进行预加载荷强度分析、结构优化设计、工程仿真等，以保证设计的合理性，或者进行优化设计。计算机辅助工艺规程设计（CAPP）即在工艺设计阶段，借助计算机来完成毛坯设计、工艺规程设计、工序设计等任务。计算机辅助制造（CAM）即在生产加工阶段，借助计算机来完成数控编程、加工过程仿真、数控加工、质量检验、产品装配等任务。早期，用计算机来完成这些工作都是孤立的，各模块之间是分开的，常常是 CAD 完成后的信息，不能被 CAM 直接使用，这就在 CAD 与 CAM 上造成了信息资源的浪费。如果使用计算机信息集成技术，将 CAD、CAE、CAPP、CAM 等计算机辅助设计至生产制造完成的整个过程的设计数据有机地集成起来，就是 CAD/CAM 系统。

CAD/CAM 系统的主要任务是对产品设计、制造全过程的信息进行处理。这些信息主要包括设计、制造中的几何建模、设计分析、工程绘图、机构分析、有限元分析、优化分析、系统动态分析、测试分析、CAPP、数控编程、加工仿真等各个方面。CAD/CAM 系统的优越性主要表现在：

1）减少了设计、计算、制图、制表所需要的时间，缩短了设计周期。有利于发挥设计人员的创造性，将他们从大量简单、烦琐的重复劳动中解放出来。

2）由于采用了计算机辅助分析技术，可以对多方案进行分析、比较，选出最佳方案，有利于实现设计方案的优化。

3）有利于实现产品的标准化、通用化和系列化。

4）减少了零件在车间的流通时间和在机床上装卸、调整、测量、等待切削的时间，提高了加工效率。

5）先进的生产设备既有较高的生产过程自动化水平，又能在较大范围内适应加工对象的变化，有利于提高企业的应变能力和市场竞争力。

6）CAD、CAM 的一体化，使产品的设计、制造过程形成一个有机的整体，提高了产品的质量和设计、生产效率。

一个完整的 CAD/CAM 系统必须具备硬件和软件两部分。硬件部分是 CAD/CAM 系统运行的基础，主要由计算机及外围设备组成，包括主机、存储器、输入输出设备、网络通信设备以及生产加工设备等有形物质设备；软件部分是 CAD/CAM 系统的核心，通常指系统软件、支撑软件和应用软件等。硬件提供了 CAD/CAM 系统潜在的能力，而软件则是开发、利用其能力的钥匙。CAD/CAM 系统的组成如图 1-2 所示。

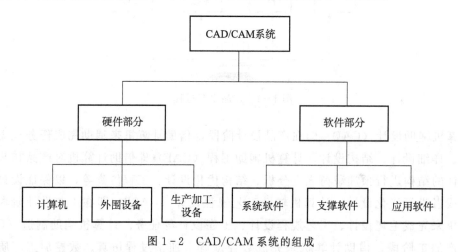

图 1-2　CAD/CAM 系统的组成

1.2　常用 CAD/CAM 软件介绍

1. CAXA 电子图板简介

CAXA（Computer Aided X Advanced，X 为可扩充）是北京数码大方科技股份有限公司面向我国工业界推出的包括数控加工、工程制图、注塑模具设计、注塑工艺分析及数控机床通信等一系列 CAD/CAE/CAM 软件的总称，涵盖了设计、工艺、制造和管理四大领域。其中，电子图板能够提供形象化的设计手段，帮助设计人员发挥创造性，提高工作效率，缩短产品设计周期，有助于促进产品设计的标准化、系列化、通用化，使得整个设计规范化。

CAXA 的主要功能包括绘图功能、编辑功能、工程标注功能、国标图库和构件库、数据交换功能、工程图输出功能等。随着技术的发展，软件性能更加优化，在界面交互、操控效率和数据兼容等方面有了大幅提高。

新版本基于全新平台开发的 Fluent/Robbin（选项卡模式）用户界面，自由定制、扩展快速启动工具栏和面板，支持多窗口和多图样空间并行设计，支持新老界面切换，CAXA 电子图板 2020 版界面如图 1 - 3 所示。

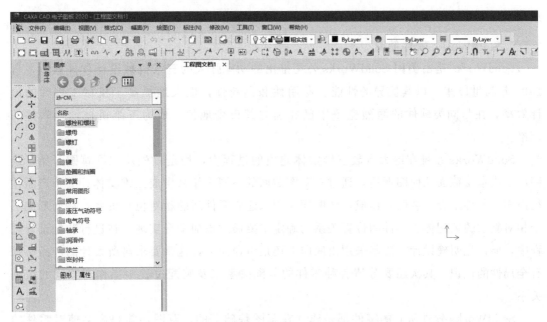

图 1 - 3　CAXA 电子图板 2020 版界面

与国内外同类软件相比，CAXA 电子图板具有以下特点：

中文界面：CAXA 电子图板的各种菜单、操作提示、系统状态及帮助信息均为中文，工作界面采用图标和全中文菜单相结合的方式。

符合国家标准：按照国家标准提供图框、标题栏、明细栏、文字标注、尺寸标注以及工程标注，已经通过国家机械 CAD 软件标准化审查。

快捷的交互方式：系统独特的立即菜单取代了传统的逐级问答式选择和输入，方便、直观。

动态导航功能：该功能模拟"丁字尺"的作用，在绘图过程中可以自动捕捉特征点，按照工程制图"高平齐""长对正""宽相等"的原则生成视图。

智能尺寸标注功能：系统自动识别标注对象特征，提供符合我国国家标准的尺寸标注和工程标注工具，支持标注捕捉、夹点编辑的尺寸关联。用户可根据需要管理或新建各种标注样式，包括文本、尺寸、引线、几何公差、表面粗糙度、焊接符号、基准代号、剖切符号、序号等。

明细栏与零件序号联动：进行零件序号标注时，可自动生成明细栏，且标准件的数据自动填写到明细栏中。如在中间插入序号，则其后的零件序号和明细栏会自动进行排序。若对明细栏进行编辑操作，则零件序号也会相应地变动。

另外，还有种类齐全的参量国家标准图库和全开放的用户建库手段。通过 DXF 接口、HPGL 接口和 DWG 接口可与其他 CAD 软件进行图样数据交换，可以有效地利用用户以前的工作成果与其他系统进行数据交换。用户还可以根据自己的需求，在电子图板开发平台的基础上进行二次开发，扩充电子图板的功能，从而实现用户的个性化和专业化。

2. SolidWorks 软件简介

SolidWorks 是由美国 SolidWorks 公司推出的功能强大的三维机械设计软件系统，自 1995 年问世以来，以其优异的性能、易用性和创新性，极大地提高了机械工程师的设计效率，在与同类软件的激烈竞争中已经确立其市场地位，成为三维机械设计软件的标准。

SolidWorks 系统在绝大多数三维实体建模的过程中，均是首先从二维草图开始，绘制出二维草绘截面几何图形后，通过对草图截面的不同操作来生成三维实体。一个产品往往由多个零件组合（装配）而成，装配模块用来建立零件间的相对位置关系，从而形成一个相对复杂的装配体。零件间位置关系的确定主要通过添加配合实现。在进行装配设计过程中，要首先明确设计方法是采用由底向上还是由顶向下，这就要求对所设计的产品必须有全局性的认识。其次还要分清各种零件的装配关系以及装配过程中操作对象间的级别关系。

SolidWorks 软件所有的零件都是建立在草图基础上的，草图功能提高会使对零件的可编辑能力提高。在软件中，增加了样条编辑控制功能，当样条处于编辑状态时，一个小三角箭头会出现在样条曲线上。当小箭头沿着样条曲线拖动时，箭头的方向会不断改变，以表示各点不同的曲率。当沿着箭头拖动时，样条的曲率会实时改变。这一功能的增加，使用户更加方便地控制零件的形状。

SolidWorks 软件在用户界面方面比较方便是公认的，但 SolidWorks 公司还在努力地改进软件的用户界面，使设计工作更加自动化。界面去掉了一些多余的对话框，而以右键菜单所代替，最明显的是能够将特征管理器沿水平拆分。这使进行某些特殊命令操作（如检查装配关系）时，不会迷失在特征树的位置。这对于大型装配体和复杂零件的操作非常重要，因为零件复杂，特征管理树会很长，有时很难同时观察特征树的最上端和特征树的最下端。有了特征管理器的拆分功能，这一切都成为可能。

SolidWorks 具备基于特征及参数化的造型，巧妙地解决了多重关联性问题，具有功能强大、易学易用和技术创新三大特点。用户界面内容丰富、友好，利用用户界面可以方便地访问各种资源，SolidWorks 用户界面如图 1-4 所示。

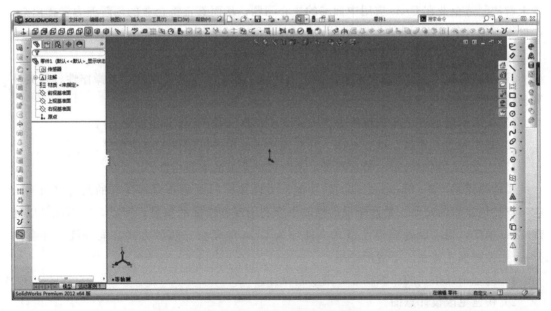

图 1 - 4　SolidWorks 用户界面

3. Creo 软件简介

Creo 是美国 PTC 公司于 2010 年 10 月推出的 CAD 设计软件包，它开创了三维 CAD/CAM 参数化的先河。该软件不仅具有基于特征全参数、全相关和单一数据库的特点，可用于设计和加工复杂零件，还具有零件装配、机构仿真、有限元分析、逆向工程和同步工程等功能。

Creo Parametric 系统可以实现真正的全相关性，任何修改都会自动反映到所有的相关对象；它具有真正管理并发进程、实现并行工程的能力；它具有强大的装配功能，能够始终保持设计者的设计意图；利用它可以极大地提高设计效率。

Creo 是一个可伸缩的套件，它集成了多个可互操作的应用程序，功能覆盖整个产品开发领域。它的产品设计应用程序使企业中的每个人都能使用最适合自己的工具，因此，他们可以全面参与产品开发过程。除了 Creo Parametric 之外，还有多个独立的应用程序在 2D 和 3D CAD 建模、分析及可视化方面提供了新的功能。Creo 还提供了空前的交互操作性，可确保在内部和外部团队之间轻松共享数据。

从实用性上看，Creo Parametric 系统界面简洁、概念清晰，符合工程技术人员的设计习惯。其整个系统建立在统一的数据库上，具有完整且统一的模型。它不但可以应用于工作站，而且也推出了单机版，从而大大增强了其竞争力。Creo Parametric 这款画图软件具有功能强大、操作简单方便、易学易用等特点。它提供了业内唯一真正的多范型设计平台，使用户能够采用二维、三维直接或三维参数等方式进行设计。

在某一个模式下创建的数据能在任何其他模式中访问和重用，每个用户可以在所选择的模式中使用自己或他人的数据。此外，Creo 的 AnyMode 建模允许用户在模式之间进行无缝切换，而不丢失信息或设计思路，从而提高团队效率。Creo 的推出，正是为了从根本上解决制造企业在 CAD 应用中面临的核心问题，从而真正将企业的创新能力发挥出来，帮助企业提升研发协作水平，让 CAD 应用真正提高效率，为企业创造价值。

Creo 具备互操作性、开放性和易用性三大特点：

1）解决机械 CAD 领域中未解决的重大问题，包括基本的易用性、互操作性、开放性和易管理性。

2）采用全新的方法实现解决方案（建立在 PTC 的特有技术和资源上）。

3）提供一组可伸缩、可互操作、开放且易于使用的机械设计应用程序。

4）为设计过程中的每一名参与者，适时提供合适的解决方案。

柔性建模是 Creo Parametric 的新功能。柔性建模的对象是模型既有的几何（曲面），它不支持创建新的几何。柔性建模的修改不会利用现有特征的信息，所以，它不仅可以处理 Creo 模型，也可以处理中性格式文件导入 Creo 的模型（两种方式在局部细微处有差异）。柔性建模主要在以下情形使用：

1）处理中性格式的三维模型，继续新设计。

2）快速更改设计意图。

3）对复杂特征构成的几何曲面整体修改。

4）旧模型难以对编辑特征进行修改。

5）讨论新的设计意图。

柔性建模技术的最大创新在于对基于特征的参数建模和基于特征的非参数建模的完美兼容。实际上，每种建模方式都有各自的优、缺点。而柔性建模技术融合了基于特征的参数建模和基于特征的非参数建模，具备八大建模优势：特征树形结构变为特征集、在无约束模型上进行受控编辑、在参数约束模型上进行编辑、父/子结构、尺寸方向控制、程序特征、模型创建以及快速进行"假设"变更。

柔性建模一般的流程为：选择曲面→识别或编辑变换操作→必要时可以快速传播变换。

1）选择曲面时，主要通过操作界面下的"形状选择"或"几何规则"功能智能选择，也可以直接选择所有的对象曲面，这种方式的缺点是无法自动适应既有特征的变化。

2）识别功能可以定义几组曲面具有阵列属性或对称属性，由此，可将对某一组曲面的变换快速传播到其他曲面中。

3）变换操作主要包括移动、偏移、修改解析、镜像、替代、编辑倒圆角。

4）编辑操作包括连接和移除。

4. PowerMILL 软件简介

PowerMILL 是一个独立运行的技术领先的 CAM 系统，它是 Delcam 的核心多轴加工产品。PowerMILL 可通过 IGES、VDA、STL 和多种不同的专用直接接口接收来自任何 CAD 系统的数据。其功能强大，易学易用，可快速、准确地产生能最大限度发挥 CNC 数控机床生产效率的、无过切的粗加工和精加工刀具路径，确保生产出高质量的零件和工模具。

PowerMILL 功能齐备，适用于广泛的工业领域。Delcam 独有的最新五轴加工策略、高效粗加工策略以及高速精加工策略，可生成最有效的加工策略，确保最大限度地发挥机床潜能。软件计算速度极快，同时也为使用者提供了极大的灵活性。PowerMILL 的用户界面内容丰富、友好，可视化强，各种功能一目了然，打开的用户界面如图 1-5 所示。

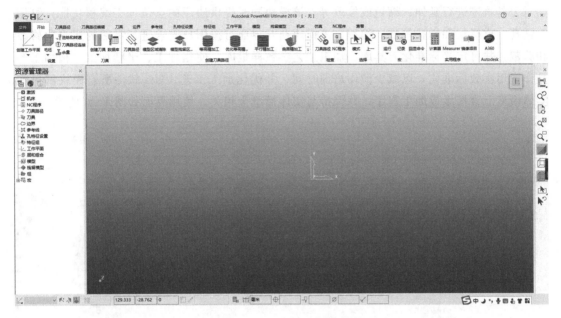

图 1-5　PowerMILL 用户界面

1）资源管理器：可以用于创建坐标、模型、边界和特征等，也可以方便地查阅已经创建的刀具路径和刀具边界等。

2）开始菜单：创建工件毛坯主要用来根据毛坯来创建坐标，毛坯可以根据坐标和模型来产生，刀具创建、刀具路径里面有多种加工策略，可以根据不同的工件选择不同的加工策略。

3）右侧工具栏：用来辅助编程，选择车削模式或者铣削模式。打开或关闭毛坯显示；是否显示毛坯的线框，是否显示模型的阴影等。

4）工作窗口：在这里可以看到工件和刀具路径，是完成工作的窗口。

5. UG NX 软件简介

目前，应用于数控编程的软件大多数都集 CAD 与 CAM 于一体，UG 是最经济、有效及全面的 CAD/CAM 软件之一，由 Siemens PLM Software 公司开发，其不仅具有复杂造型和数控加工的功能，还具有管理复杂产品装配、进行多种设计方案的对比分析和优化等功能，该软件具有较好的二次开发环境和数据交换能力。其庞大的模块群为企业提供从产品设计、产品分析、加工装配、检验到过程管理、虚拟运作等全系列的技术支持。由于软件运行对计算机的硬件配置有很高的要求，其早期试用版只能在小型机和工作站上使用。随着微型计算机配置的不断升级，在微型计算机上的使用日益广泛，目前该软件在国际市场上已占有较大的份额。

　　UG 的功能很全面，在许多领域都占有一席之地。UG 加工基础模块提供连接 UG 所有加工模块的基础框架，它为 UG 所有加工模块提供一个相同的、界面友好的图形化窗口环境。用户可以在图形的方式下观测刀具沿轨迹运动的情况，并可对其进行图形化修改，如对刀具轨迹进行延伸、缩短或修改等。该模块同时提供通用的点位加工编程功能，可用于钻孔、攻螺纹和镗孔等加工编程。该模块交互界面可按用户需求进行灵活的用户化修改和剪裁，并可定义标准化刀具库、加工工艺参数样板库，使粗加工、半精加工、精加工等操作常用参数标准化，以减少使用培训时间，并优化加工工艺。UG 软件所有模块都可在实体模型上直接生成加工程序，并保持与实体模型全相关，使用界面如图 1 - 6 所示。

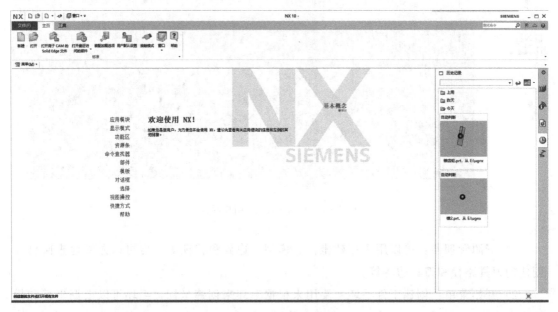

图 1 - 6　UG 使用界面

　　UG 的加工后置处理模块使用户可方便地建立自己的加工后置处理程序，该模块适用于主流 CNC 机床和加工中心，该模块在多年的应用实践中已被证明适用于 2 - 5 轴或更多轴的铣削加工、2 - 4 轴的车削加工和电火花线切割。

　　UG 也为那些培养创造性和产品技术革新的工业设计和风格提供了强有力的解决方案。利用 UG NX 建模，工业设计师能够迅速地建立和改进复杂的产品形状，并且使用先进的渲染和可视化工具来最大限度地满足设计概念的审美要求。

　　UG 包括强大的产品设计应用模块，具有高性能的机械设计和制图功能，为制造设计提供了高性能和灵活性，以满足客户设计任何复杂产品的需要。其优于通用的设计工具，具有专业的管路和线路设计系统、钣金模块、专用塑料件设计模块和其他行业设计所需的专业应用程序。

　　UG 是当今较为流行的一种模具设计软件，主要是因为其功能强大。模具设计的流程很多，其中分模就是其中关键的一步。分模有两种，一种是自动的，另一种是手动的。于动分模要用自动分模工具条的命令模具导向来完成，自动分模的过程即模具设计。

MoldWizard（注塑模向导）是基于 UG NX 开发的，针对注塑模具设计的专业模块，模块中配有常用的模架库和标准件，用户可以根据自己的需要方便地进行调整，还可以进行标准件的自我开发，在很大程度上提高了模具设计效率。

MoldWizard 模块提供了整个模具设计流程，包括产品装载、排位布局、分型、模架加载、浇注系统、冷却系统以及工程制图等。整个设计过程非常直观、快捷，它的应用设计让普通设计者也能完成一些中、高难度的模具设计。

第 2 章　CAD/CAM 相关技术

2.1　CAD 技术在机械行业中的应用

机械制造行业在新时期发展十分迅速，在科技的推动下呈现自动化、数字化和智能化的发展趋势。同时，CAD 技术在机械制造领域的运用，能够有效提升其工作质量与效率，推动整个行业的发展。CAD 技术已经在电子电气、机械设计、软件开发、机器人、工业自动化领域得到了广泛应用。

CAD 技术主要包括实体造型建模技术、概念设计技术、工程美学设计技术、创新设计技术、参数化设计技术、模块化设计技术等。

1. 实体造型建模技术

实体造型（Solid Modeling）技术是在计算机视觉、计算机动画、计算机虚拟现实等领域中建立 3D 实体模型的关键技术。实体造型技术是指描述几何模型的形状和属性的信息并将之存储于计算机内，由计算机生成具有真实感的可视的三维图形的技术。

机械产品的几何建模技术是对现实产品进行数字化重组并优化，也便于传输与存储，即利用计算机技术对产品进行数字化的过程。建立产品模型不仅使产品的设计过程更为直观、方便，同时也为后续的产品设计和制造过程，如产品物性计算、工程分析、工程图绘制、工艺规程设计、数控加工编程、力学性能仿真、生产过程管理等，提供了有关产品的信息描述与表达方式，对保证产品数据的一致性和完整性提供了有力的技术支持，机械产品几何建模流程如图 2-1 所示。

机械产品建模时，首先设计者对所设计的零件结构进行解析，将零件结构以点、线、面、体等几何元素按照一定的拓扑关系和转换算法进行组织；然后选择合适的建模策略进行零件数字化建模；最后根据建模策略创建模型，从而形成计算机内部的产品数字化存储模型。

实体造型建模技术所依据的线框模型、平面模型、实体模型原理，是描述和表达形体几何信息和拓扑信息的数据结构。三者对信息的描述方法和采用的数据结构不同，所占用的计算机资源及数据处理工作差别较大，具有不同的特点，并存在不足之处，因此 CAD 系统中还保留着这三种不同几何模型的表达形式，以保证不同应用场合的使用需要。

线框模型是 CAD/CAM 系统最早用来表示形体结构的几何模型，利用棱边和顶点来表示形体结构。由于线框模型仅包含形体的棱边和顶点信息，因而可用棱边表和顶点表两表数据结构进行模型组织及描述。

如图 2-2 所示，三棱锥由 4 个顶点和 6 条棱边组成，其线框模型可用一个数据结构

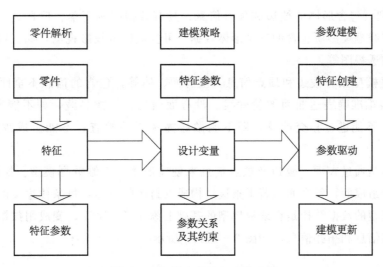

图 2-1　机械产品几何建模流程

表来表述。在图 2-2 表格中，数据结构为记载形体棱边和顶点的顺序、数量及相关顶点连接的拓扑关系。可见，线框模型的构建较为简单，存储空间极小。

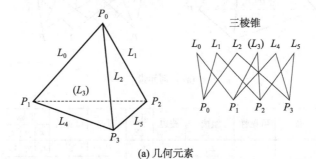

(a) 几何元素

棱边	可见性	顶点	可见性	坐标		
				x	y	z
L_0	Y	P_0	Y	x_0	y_0	z_0
		P_1	Y	x_1	y_1	z_1
L_1	Y	P_0	Y	x_0	y_0	z_0
		P_2	Y	x_2	y_2	z_2
L_2	Y	P_0	Y	x_0	y_0	z_0
		P_3	Y	x_3	y_3	z_3
L_3	N	P_1	Y	x_1	y_1	z_1
		P_2	Y	x_2	y_2	z_2
L_4	Y	P_1	Y	x_1	y_1	z_1
		P_3	Y	x_3	y_3	z_3
L_5	Y	P_2	Y	x_2	y_2	z_2
		P_3	Y	x_3	y_3	z_3

(b) 数据结构

图 2-2　三棱锥线框模型

　　线框模型仅包含形体的棱边和顶点信息，具有数据结构简单、信息量少、操作快捷等特点。利用线框模型所包含的三维形体数据，可生成任意投影视图，如三视图、轴测图及任意视点的透视图等。

　　由于线框模型只有棱边和顶点信息，没有面、体等，包含的信息不全面，因此存在一定缺陷，很难准确表达曲面的轮廓线。没有面信息，不能隐藏，即不能产生剖视图；没有体信息，不能进行相交计算，即不能做碰撞和干涉检查；不能生成数控加工刀具轨迹。

　　平面模型是通过表面、棱边及顶点信息来创建形体的三维数据模型。如图 2 - 3（a）所示，有 4 个组成面，每个面由若干条棱边构成其封闭的边界，每条棱边又由两点作为其端点。平面模型的数据结构是在线框模型的基础上添加了一个面，变成用数据结构表示几何形体的几何信息和拓扑信息，如图 2 - 3（b）所示。

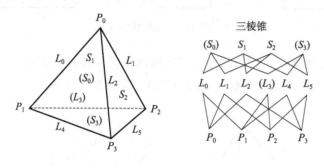

(a) 几何元素

面	可见性	组成	棱边	可见性	顶点	可见性	坐标		
							x	y	z
S_0	N	L_0	L_0	Y	P_0	Y	x_0	y_0	z_0
		L_1			P_1	Y	x_1	y_1	z_1
		L_3	L_1	Y	P_0	Y	x_0	y_0	z_0
S_1	Y	L_0			P_2	Y	x_2	y_2	z_2
		L_2	L_2	Y	P_0	Y	x_0	y_0	z_0
		L_4			P_3	Y	x_3	y_3	z_3
S_2	Y	L_1	L_3	N	P_1	Y	x_1	y_1	z_1
		L_2			P_2	Y	x_2	y_2	z_2
		L_5	L_4	Y	P_1	Y	x_1	y_1	z_1
		L_3			P_3	Y	x_3	y_3	z_3
S_3	N	L_4	L_5	Y	P_2	Y	x_2	y_2	z_2
		L_5			P_3	Y	x_3	y_3	z_3

(b) 数据结构

图 2 - 3　平面建模模型

　　曲面模型是由规则曲线或系列参数曲面片通过拼接、裁剪、光顺处理而构建的三维模型。通过对二维参数曲线进行拉伸、旋转、扫描、混合等，形成一个曲面片，然后对生成的曲面片进行拼接、裁剪、过渡、光顺等处理，最终完成形体的曲面模型。

1）拉伸曲面：使一条曲线沿某一直线方向移动，可生成一个拉伸面体，如图 2-4（a）所示。

2）旋转曲面：把给定的平面内曲线围绕某一旋转轴旋转所生成的曲面，如图 2-4（b）所示。

3）扫描曲面：把一个封闭或非封闭的曲线沿着一条轨迹滑动形成的曲面，截面可以是变化的，也可以是不变的，如图 2-4（c）所示。

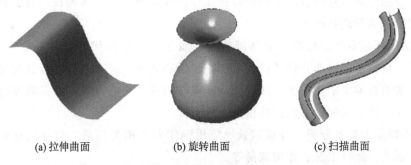

(a) 拉伸曲面　　　　　(b) 旋转曲面　　　　　(c) 扫描曲面

图 2-4　常见的曲面建模

实体建模是一系列的基本形体，例如长方体、圆柱体和球体等，经过布尔运算构建的任意复杂形体的几何模型。实体建模包括基本体建模，如拉伸实体、旋转实体、扫描实体和布尔运算。实体基本体建模跟曲面建模类似，布尔运算是在基本体定义后将两个或多个基本体进行相并、相交、相差运算后，构建成不同的形体。布尔运算后得到的不同形状的新形体如图 2-5 所示。

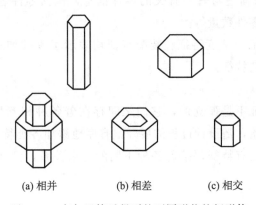

(a) 相并　　　　　(b) 相差　　　　　(c) 相交

图 2-5　布尔运算后得到的不同形状的新形体

特征建模，是在更高层次对实体模型元素进行特定工程含义的定义，如槽、孔、壳、倒角、倒圆角。产品的设计过程可描述为对具体特征的引用与操作，特征的引用可直接体现设计者的设计意图。产品功能特征包含丰富的产品几何信息和非几何信息，如材料、尺寸公差和几何公差、表面粗糙度、热处理等。这些信息能够完整地描述零件或产品结构的几何信息和拓扑信息，还包含了产品制造过程的工艺信息，使产品设计意图能够为后续的分析、评估、加工、检测等生产环节所理解。特征建模是在实体几何模型的基础上，抽取作为结构功能要素的"特征"，以对设计对象进行更为丰富的描述和操作，弥补实体建模不足的一种建模方法。

（1）基于零件信息模型的特征分类

特征的分类与具体工程应用有关，从不同的应用角度研究特征，必然引起特征定义的不统一。根据产品生产过程中的阶段不同将特征分为设计特征、制造特征、检验特征和装配特征等。根据描述信息内容的不同而将特征分为形状特征、技术特征、材料特征、精度特征、装配特征和管理特征等。

1）形状特征是零件信息模型的基础特征，属于零件的几何特征，一般作为主特征，是精度特征、材料特征等非几何特征的载体，包括功能形状、工艺形状及装配形状等组成零件结构形状的基本要素。形状特征应能反映零件的特征功能，应能够提取零件形体结构的点、边、面、体等几何信息和拓扑信息。

2）技术特征为技术分析、性能试验、应用操作提供相关信息，包括设计要求、设计约束、外观要求、运行工况、作用载荷等。

3）材料特征用于描述与零件材料及热处理要求相关的信息，包括零件材料牌号、性能、硬度、热处理要求、表面处理、检验方式等。

4）精度特征用于描述零件公称几何形状的允许范围，是检验零件质量的主要依据，包括尺寸公差、几何公差和表面粗糙度等。

5）装配特征是描述零件在装配过程中的相关信息，包括位置关系、配合关系、连接关系、装配尺寸、装配技术要求等。

6）管理特征是用来描述与管理有关的零件信息，包括零件名、零件图号、设计者、设计日期、零件材料、零件数量等。

技术特征、材料特征、精度特征、装配特征均表示了零件加工工艺的相关内容和要求，通常将其统称为工艺特征。

（2）特征间的关系

组成零件的所有特征不是孤立的，它们之间存在着各种相互依存的关系。设计零件时，从毛坯基础特征开始，随设计过程的展开，有序地添加各类特征，新添加的特征会被已有特征所约束，并与已有特征保持着各种不同的约束关系，例如邻接关系、从属关系、分布关系、引用关系。

2. 概念设计技术

概念设计是从分析用户需求到生成概念产品的一系列有序的、可组织的、有目标的设计活动。它表现为一个由粗到精、由模糊到清晰、由抽象到具体的不断进化的过程。

概念设计技术是利用设计概念并以其为主线贯穿全部设计过程的设计方法。概念设计是完整而全面的设计过程，它通过设计概念将设计者繁复的感性和瞬间思维上升到统一的理性思维，从而完成整个设计。

3. 工程美学设计技术

工程美学设计是指将工程设计与美学进行紧密结合，在工程设计中体现美学价值。而工程设计中美学的概念，离不开对实践层面的解读。工程设计作为一种活动过程，主要包括设计主体、设计对象和设计方法等要素，并由此规定自身。在满足了所有条件后，工程美学设计就呈现出四种审美特性，即功能美、材料美、形式美和技术美，而这四者又统一于对生态美这一最高审美理想的追求中。在美学层面对工程设计的探讨，可以带动工程设计理念的革新，从而实现"人""工程""环境"的自然和谐。

4. 创新设计技术

创新设计是指充分发挥设计者的创造力，利用人类已有的相关科技成果进行创新构思，设计出具有科学性、创造性、新颖性及实用成果性的一种实践活动。创新理念与设计实践的结合，可以发挥创造性的思维，将科学、技术、文化、艺术、社会、经济融会在设计中，设计出具有新颖性、创造性和实用性的新产品。

5. 参数化设计技术

参数化设计包含两部分，即参数化图元和参数化修改引擎。零部件的尺寸都是通过参数的调整反映出来的，参数化图元保存了零部件数字化的所有信息。参数化修改引擎提供的参数更改技术使用户对零部件的设计或对文档部分所做的任何改动都可以自动地在其他相关联的部分反映出来。零部件的移动、删除和尺寸的改动所引起的参数变化会使相关构件的参数产生关联的变化，使内部模型的数据发生拓扑变化。任一视图下所发生的变更都能参数化、双向地传播到所有视图，以保证所有图样的一致性，不需要逐一对所有视图进行修改，从而提高了工作效率和工作质量。

6. 模块化设计技术

模块化设计即将产品的某些要素组合在一起，构成一个具有特定功能的子系统，将这个子系统作为通用件的块与其产品要素进行多种组合，构成新的系统，产生多种不同功能或相同功能、不同性能的系列产品。模块化设计是绿色设计方法之一，它已经从理念转变为较成熟的设计方法。将绿色设计思想与模块化设计方法结合起来，可以同时满足产品的功能属性和环境属性：一方面可以缩短产品研发与制造周期，增加产品系列，提高产品质量，快速应对市场变化；另一方面，可以减少或消除对环境的不利影响，方便重用、升级、维修和产品废弃后的拆卸、回收和处理。

CAD 技术带来的收益包括降低了产品开发成本，提高了生产力和产品质量，加快了新产品上市速度。用 CAD 系统来改善最终的产品、子装配及零部件的可视化，加快了设计过程，缩短了产品设计周期，可以快速地响应日益变化的市场需求，并且提高了准确性，减少了错误。CAD 系统使设计（包括几何形状与尺寸、物料清单等）文档化变得更容易、更稳定，可以便捷地记录产品的整个生命周期的相关数据，可以更容易重用设计数据进行最佳实践。

2.2　CAM 技术在机械行业中的应用

CAM 技术是在计算机技术、信息技术、数字化技术、数控编程技术等先进技术的基础上发展起来的新兴技术。经过近半个世纪的发展，我国已经成为举足轻重的制造大国，并逐步发展为制造强国。CAM 技术是我国制造业实现转型升级必不可少的技术，也是提高制造业相关技术人员技能水平和创新能力必不可少的关键技术。

1. CAM 的基本概念

计算机辅助制造（Computer Aided Manufacture，CAM）指的是将计算机技术应用于产品生产及制造相关过程的统称。它以计算机软件系统为基础，将计算机与加工设备直接或者间接地联系起来，实现产品的工艺规划设计、加工管理、操作和质量控制等按照数字化的作业流程进行生产及制造活动。CAM 是集成式制造系统的关键环节，向上与计算机辅助设计（CAD）紧密结合，向下为数控加工系统提供相关数据。直到现在，制造业对于CAM 的定义尚未形成一个统一的界定，通常有狭义和广义两种定义。广义的 CAM 主要指由计算机辅助完成从毛坯到制成产品的全部过程的所有相关活动，包括物料计划制定、排产计划制定、物流控制、质量控制、NC 程序设计、工时定额等。狭义的 CAM 主要指的是数控加工程序的设计，包括刀路轨迹设计、刀位文件定义、加工路径仿真及 NC 加工程序生成等。广义 CAM 与狭义 CAM 的关系如图 2-6 所示。若未做特殊强调，所述的CAM 系统均指狭义 CAM。

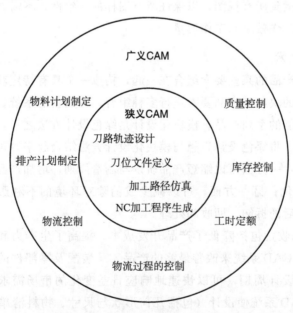

图 2-6　广义 CAM 与狭义 CAM 的关系

CAM 系统是伴随着计算机技术发展的，建立在计算机硬件的基础上，以系统软件为支撑，以应用软件为核心，旨在处理制造过程中的相关信息的系统。CAM 系统的主要功

能包括人机交互、数据运算、图形数据处理、数据存储、数据查找、加工信息处理、NC
仿真加工等，如图 2-7 所示。

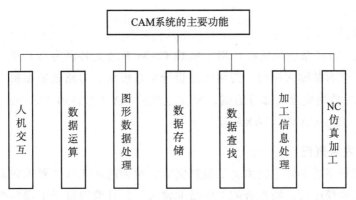

图 2-7　CAM 系统的主要功能

　　为了实现 CAM 系统的上述功能，CAM 系统应由硬件部分和软件部分组成。根据硬件和软件实现的功能，又可将系统分为硬件部分、支撑环境、系统管理和应用软件 4 部分，如图 2-8 所示。

图 2-8　CAM 系统的组成

　　(1) 硬件部分

　　硬件部分是 CAM 系统实现功能的硬件基础，由服务器、计算机及相应的加工设备等组成。

　　(2) 支撑环境

　　支撑环境即支撑 CAM 软件运行的操作系统及编译语言。操作系统主要包括 Windows、Linux、UNIX 等，用于支撑应用软件在计算机上运行。编译语言主要包括 Visual Basic、Visual C/C++等，用于将 NC 程序编译为计算机可识别的机器语言。

（3）系统管理

系统管理主要包括数据库管理、网络协议和通信标准等，用于支撑数据信息的传输与通信网络的构建。

（4）应用软件

应用软件是 CAM 系统的核心，用于实现 CAM 系统的各种专业功能。通常 CAM 应用软件主要由工艺参数输入模块、刀路轨迹设计生成模块、刀路轨迹编辑模块、加工仿真模块、NC 代码生成模块等几部分组成。现在主流的 CAM 软件有 UG NX、MasterCAM、CATIA、Creo、EdgeCAM、CAXA 等。

2. CAM 的发展概况

最初，数控程序的设计主要由手工编制完成，对人的技能水平要求较高，特别是在编制一些较为复杂的程序时，操作者的工作量非常大，并且编程过程中难免会失误。为了应对这一系列问题，人们提出了借助计算机来辅助完成零件数控程序编制的方法，即最初的 CAM。自 20 世纪 50 年代出现 CAM 技术以来，经过近 70 年的发展，其功能和特点发生了非常大的变化。根据 CAM 编程原理的不同，可将其分为数控语言编程、图形语言编程和 CAD/CAM 集成数控编程 3 个阶段。

（1）数控语言编程

20 世纪 50 年代，美国 MIT 学院设计并开发出了零件数控编程语言——APT。它是一种对零件、刀具形状以及刀具相对于零件运动等进行定义时所使用的一种类似于英文单词的程序语言。使用 APT 语言进行数控程序编制的流程如图 2-9 所示。

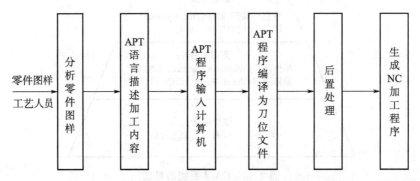

图 2-9　使用 APT 语言进行数控程序编制的流程

利用 APT 语言进行数控编程时，由于计算机替代人工完成了烦琐的数学计算任务，节省了编写程序的时间，编程效率提高了数十倍，并解决了无法用手工编程完成复杂结构零件的问题。但是 APT 语言编程方式要依靠人工完成图形信息的解释以及工艺设计规划数据的传递，编程过程中容易出现错误。此外，这种编程方式缺少对零件图形、刀具轨迹的交互式显示和刀位轨迹的仿真验证。

（2）图形语言编程

20 世纪 70 年代，随着微处理计算机技术开始实际应用，相关的工程制图软件开始使用，零件设计信息转换为交互式界面上的直观图形，人机交互方式的数控程序设计成为主要的数控程序设计方式。图形语言编程的流程图如图 2-10 所示。

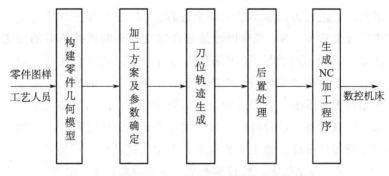

图 2-10　图形语言编程的流程图

使用图形语言进行数控编程时，不需要工艺人员用专用语言描述加工内容，只需要将零件的设计信息输入计算机，通过相关软件的运算处理，即可生成刀位轨迹。图形语言编程技术是建立在 CAD 和 CAM 技术基础上的，这种编程方法具有编程效率高、直观性好和便于检查等特点，特别是针对复杂结构零件的编程，可有效减少工艺人员的工作量，提高程序的正确率。但图形语言属于独立 CAM 编程方式，需在 CAM 软件中构建零件的几何模型，无法有效继承零件设计模型的相关信息。

（3）CAD/CAM 集成数控编程

20 世纪 80 年代，各种 CAD/CAM 集成式数控编程软件开始快速发展起来。由 CAD构建的零件设计模型保存为一定的数据格式文件进行中转，CAM 可识别中转文件，直接读取相关的零件几何信息，生成刀位轨迹和 NC 代码。使用 CAD/CAM 集成数控编程方式进行数控程序编制的流程如图 2-11 所示。

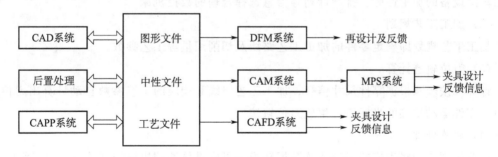

图 2-11　使用 CAD/CAM 集成数控编程方式进行数控程序编制的流程

使用 CAD/CAM 集成数控编程方式进行数控编程时，CAM 系统直接读取 CAD 系统提供的零件几何模型数据信息以及 CAPP 系统的相关工艺参数，程序设计人员根据模型数据进行数控程序设计，计算机自动完成数据运算处理、数控程序编写和程序检验等工作。计算机可自动生成刀具轨迹相对于零件的运动轨迹，可使程序设计人员及时检查程序是否符合设计要求，降低了程序出错率，还能够克服复杂结构零件的编程难度。

3. 数控编程的基本概念

数控编程是指用编程语言描述零件数控加工成形过程中的工艺参数、刀具相对于工件的运动轨迹等信息，并进行仿真加工校核的全过程。NC 加工程序的设计是使用数控机床进行零件加工中的重要环节，NC 程序设计是否合理直接影响数控机床的加工性能和零件的加工质量。因此，NC 程序的设计要求编程人员有非常高的综合素质，对机加工艺、加工设备、工装夹具、刀具等都有较为全面的了解，并熟悉工厂的加工特点。

对于不同类型的数控系统，它们所能识别的数控程序代码的规则和格式不尽相同，在进行相应数控系统的数控程序设计时，应根据编程手册的说明进行。一般而言，数控编程的主要内容包括分析零件图样、加工工艺规划、刀位轨迹计算、后置处理生成数控 NC 程序、NC 程序的校验和首件试切等。数控编程的主要步骤如图 2-12 所示。

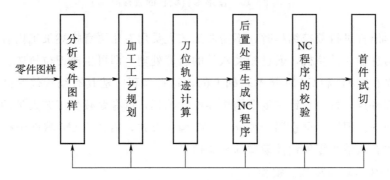

图 2-12　数控编程的主要步骤

（1）分析零件图样

该步骤对零件的结构特征、尺寸数据、材料信息及技术要求等设计信息进行分析，并根据车间设备的加工性能、排产计划等信息选择合理的数控机床。

（2）加工工艺规划

加工工艺规划即确定零件的加工工艺路线及切削用量等工艺参数。

（3）刀位轨迹计算

计算机按步骤根据零件尺寸信息、加工工艺路线和相应的工艺参数自动计算出刀位点相对于零件运动轨迹的坐标值，生成刀位轨迹。

（4）后置处理

后置处理用于将生成的刀位轨迹数据转换为可供具体数控机床识别的 NC 加工程序。

（5）NC 程序的校验及首件试切

经后置处理生成的 NC 加工程序必须经过校验和首件试切，合格后才能进行正式加工。程序校验即将 NC 程序输入数控机床，数控机床进行空运转，以检查刀具的运动轨迹是否正确。但程序校验无法检验零件的加工精度，因此还必须进行零件的首件试切。在进行首件试切时，应以单程序段的方式进行加工，随时检查加工情况，调整加工参数，当发现加工误差时，及时修正 NC 加工程序。

第3章 CAXA电子图板在机械CAD技术中的应用案例

3.1 尺寸标注工具栏的应用案例

一张完整的工程图，准确的尺寸标注是必不可少的。在CAXA电子图板中，可以创建和编辑各种类型的尺寸标注，并根据需要修改标注的样式。设置尺寸标注样式：标注样式控制标注的格式和外观。由于不同行业对于标注的规范要求不尽相同，因此需要对标注的样式进行设置，以满足不同的使用需求。

1. 调用方法

"标注"工具栏：单击"标注样式"按钮。

菜单：单击"标注"→"标注样式"。激活命令后，弹出"标注样式管理器"对话框，在"标注样式管理器"对话框的"样式"列表中有一个名为"ISO-25"的标注样式，也就是当前默认的标注样式，如图3-1所示。

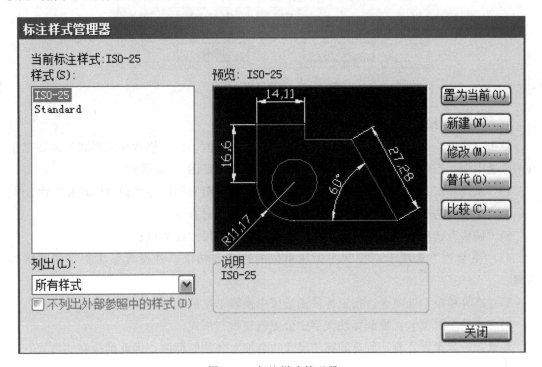

图3-1 标注样式管理器

2. 部分选项功能

（1）"当前标注样式"选项

"当前标注样式"选项显示了后面绘制的尺寸标注所使用的标注样式的名称。

（2）"样式"选项

该区显示当前的标注样式名称和"列出"框中包含的可用的标志样式。

（3）"列出"选项

显示在"列出"下拉列表框中的选项包括了所有可用的样式和正在使用的样式。

（4）"预览"选项

在"预览"下的窗口中可以预览用当前样式绘制的尺寸标注。

（5）"新建"按钮

单击"新建"按钮，将显示"创建新标注样式"对话框，如图3-2所示，"新样式名"文本框用于输入要创建的新的标注样式名称。"基础样式"列表用于在创建一个新的样式时，选择一个已存在的样式作为新样式的基础样式。

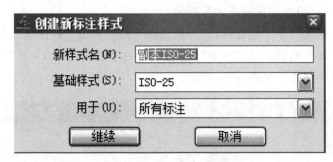

图3-2 创建新标注样式

（6）"修改"按钮

单击"修改"按钮，将显示"修改标注样式"对话框，在"修改标注样式"对话框中有7个选项卡，当前打开的是"直线和箭头"选项卡，如图3-3所示。

1）"直线和箭头"选项卡设置尺寸线、尺寸界线、箭头和圆心标记的格式和特性。

2）"文字"选项卡：控制标注文字的格式、放置和对齐方式。

3）"调整"选项卡：控制标注文字、箭头、引线和尺寸线的位置。

4）"主单位"选项卡：控制主标注单位的格式和精度，并设置标注文字的前缀和后缀。

5）"换算单位"选项卡：指定标注测量值中换算单位的显示并设置其格式和精度。

6）"公差"选项卡：控制标注文字中公差的显示与格式。

注意：一旦设置公差，所有的标注尺寸均会加上公差的标注，因此默认在"方式"下拉列表中选择"无"。

3. 绘图及标注尺寸的使用过程

1）图形及尺寸的分析。绘图及标注尺寸前要对平面图形及尺寸标注进行分析，了解

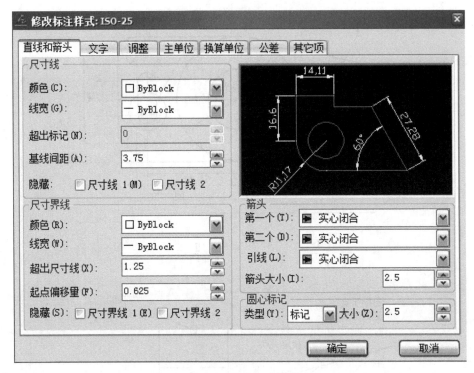

图 3-3　修改标注样式

图形的全部信息。对图形的分析非常重要，是正确、快速完成绘图及标注尺寸的关键。

　　2) 绘图及标注尺寸的注意事项。根据图形的分析结果进行画图操作，画图及标注尺寸操作过程中应注意准确性、规范性。

　　3) 尺寸数字不能有线通过。尺寸标注过程中放置尺寸数字的位置要避开图中的任何图线，如有图线通过尺寸数字时，选择"打断于点"的命令将一条线段打断变成两条线段，如图 3-4 所示。

3.2　三维视图绘制的应用案例

　　平面图形中的圆弧连接是二维绘图的一个难点。与手工画图不同，CAD 绘图将许多圆弧连接变得极其简单，但有的圆弧连接还是需要求出圆心和半径才能完成绘制，如图 3-5 所示。

　　图 3-6 所示三维图的绘制过程如下。

　　1) 设置视图方向。选择菜单命令"视图"→"三维视图"→"西南等轴测视图"。

　　2) 用"球体"绘制命令绘制一个圆心在原点、直径为 40 mm 的球体。

　　3) 利用"抽壳"命令对球体进行抽壳，抽壳距离为 2 mm。

　　4) 用"圆柱体"绘制命令绘制以底面中心为原点、直径为 15 mm、高度为 -50 mm 的圆柱体，如图 3-7 所示。

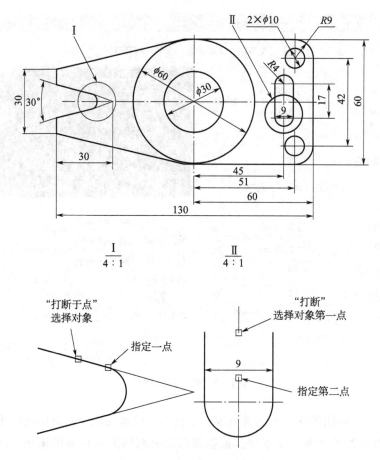

$$\frac{I}{4:1}\qquad\qquad\frac{II}{4:1}$$

图 3-4　打断于点命令的使用

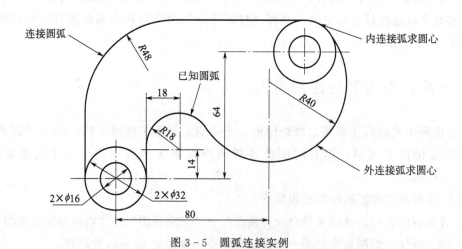

图 3-5　圆弧连接实例

5) 用"交集"命令求抽壳后的球体和圆柱体的交集。在命令行输入 Intersect 或执行菜单命令"修改"→"实体编辑"→"交集"，或者单击"实体编辑"工具栏中的"交集"

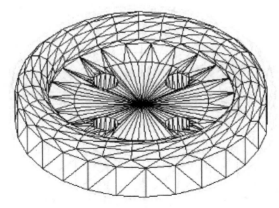

图 3-6　三维图的实例绘制过程

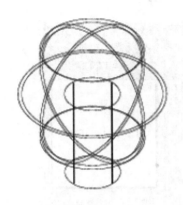
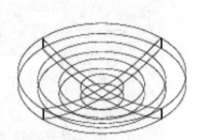

图 3-7　圆柱体绘制命令的使用

按钮，按命令行提示操作如下：

　　命令：Intersect

　　选择对象：（选择抽壳球体）选择对象：（选择圆柱体）

　　选择对象：↙

　　6）用"消隐"命令对实体进行消隐，如图 3-8 所示。

　　7）用"圆环体"命令绘制一个圆环体作为纽扣的边缘。

　　命令：TORUS↙

　　当前线框密度：ISOLINES＝4　指定圆环体中心＜0，0，0＞：↙ 指定圆环体半径或 [直径（D）]：D↙ 指定直径：13↙　指定圆管半径或 [直径（D）]：D↙ 指定直径：2↙。

　　8）用"并集"命令将上面绘制的所有实体合并在一起。

　　9）用"消隐"命令对实体进行消隐。

　　10）用"圆柱体"命令绘制中心在点（3，0，0）、直径为 1.5 mm 的圆柱体。

　　11）用"阵列"命令阵列直径为 1.5 mm 的圆柱体。在命令行中输入 ARRAY 后，弹出"阵列"对话框，设置相应的参数，如图 3-9 所示。

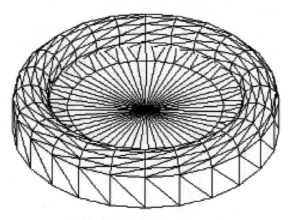

图 3-8　消隐命令的使用

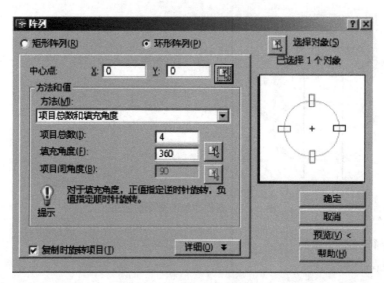

图 3-9　阵列命令参数的设置

　　12）改变视图观察方向。单击"动态观察"工具栏中的"自由动态观察图标"或菜单"视图"→"动态观察"→"自由动态观察"。系统打开自由动态观察器，将视图旋转到易于观察的角度。

　　13）用"消隐"命令对实体进行消隐，如图 3-10 所示。

　　14）用"差集"命令将 4 个圆柱体从纽扣主体中减去。

　　15）用"消隐"命令对实体进行消隐。

　　16）选择材质。单击"标准"工具栏中的"工具选项板窗口"图标，打开"工具选项板窗口"。打开其中的"木材和塑料材质库"选项卡，选择其中一种材质，按住拖动到绘制的纽扣实体上。

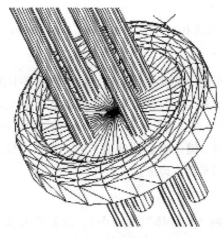

图 3－10　实体消隐命令

17）改变视觉样式。选择菜单"视图"→"视觉样式"→"真实"命令，系统自动改变实体的视觉样式。

3.3　轴测图绘制的应用案例

使用软件绘制轴测图时，要摆脱掉一些手工绘图方法的影响，充分使用软件提供的各种方法，才能快速、准确地绘制出图形。所以拿到一个轴测图后，可先分析一下该三维实体由哪些基本体构成，若不是全部由基本体构成，则可将其分解成基本体部分和非基本体部分，然后确定基本的绘图思路。例如基本体部分可用基本体堆积法，而非基本体部分可用拉伸法、旋转法或其他方法绘制，这是非常重要的。

如图 3－11 所示，轴承座由底座Ⅰ、支撑板Ⅱ、空心圆柱体Ⅲ和筋板Ⅳ组成一个整体，且四个部分均为基本体。绘图中的问题是如何绘制这些基本体并将其合并为一体。

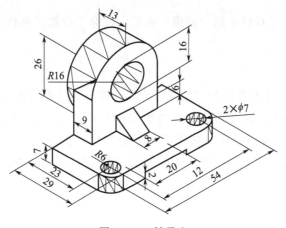

图 3－11　轴承座

绘制过程及详细步骤如下：

底座Ⅰ是由大、小两个长方体（小长方体是槽）和两个圆柱孔组成的。

1. 绘制大长方体

1）单击"视图"工具栏的"俯视图"按钮，将当前屏幕平面设定为"俯视"图状态。

2）单击"实体"工具栏的"长方体"按钮，按命令行提示操作。

指定长方体角点或［中心点（CE）］＜0，0，0＞：按回车键。指定角点或［立方体（C）/长度（L）］：L，按回车键。指定长度值：54，按回车键。指定宽度值：29，按回车键。指定高度值：7，按回车键，即成。

2. 绘制小长方体

1）按回车键（重复绘制"长方体"的命令）。指定长方体角点或［中心点（CE）］＜0，0，0＞：按回车键。指定角点或［立方体（C）/长度（L）］：L，按回车键。指定长、宽、高的值分别为20、29、2，按回车键。

2）单击"修改"工具栏中的"移动"按钮，按命令行提示操作：移动小长方体。

选择对象：选择小长方体（用光标点小长方体右侧边界，呈虚线状）。选择对象：按回车键。指定基点或位移：点选坐标原点。指定位移的第二点或＜用第一点作位移＞：17，0，0，按回车键。

3. 绘制底座Ⅰ上的两个小圆柱孔

1）单击"实体"工具栏的"圆柱体"按钮，按命令行提示操作：（绘制小圆柱体）。指定圆柱体底面中心点〈0，0，0〉：按回车键。指定圆柱体底面的半径：3.5，按回车键。指定圆柱体高度：7，按回车键。

2）单击"修改"工具栏的"移动"按钮，按命令行提示操作：（移动小圆柱体）。选择对象：选择小圆柱体（用光标点小圆柱体，呈虚线状）。选择对象：按回车键。指定基点或位移：点选坐标原点。指定位移的第二点或〈用第一点作位移〉：6，6，0，按回车键。

3）单击"修改"工具栏中的"镜像"按钮，按命令行提示操作：利用"镜像"得到另一个小圆柱体。

4. 合并实体

单击"实体编辑"工具栏中的"差集"按钮，按命令行提示操作：（利用"差集"进行合并实体）。选择对象（选择要从中减去的实体和面域）：点选大长方体（呈虚线状）。选择对象：按回车键。选择对象（选择要减去的实体和面域）：点选小长方体（呈虚线状）。选择对象：点选一个小圆柱体。选择对象：点选另一个小圆柱体。选择对象：按回车键。

5. 调整视点

单击"视图"工具栏中的按钮，以"西南等轴测"视点观察底座Ⅰ的基础图形，如图 3 - 12 所示。

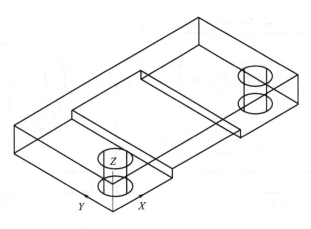

图 3-12　轴承座底座

3.4　零件结构及视图表达分析应用案例

座体零件为箱体类零件，毛坯为铸造件，零件的结构为中等复杂程度，主要由上、下两部分及中间筋板连接组成，如图 3-13 所示。

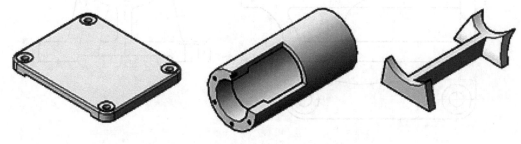

图 3-13　座体零件

零件图表达分析的过程是零件图读图的主要内容，读懂零件图的视图表达、尺寸标注是准确绘制零件图的先决条件。

1）零件图的视图表达分析。

2）零件图的尺寸标注分析。

绘制零件图前要明确绘图过程中主要命令的操作方法，选择"Gb A3"标准图幅格式，填写标题栏，在"模型"中按 1∶1 比例绘制视图，完成座体零件图绘制的过程，如图 3-14 所示。

完成"1∶2"标注样式的设置，保证标注的尺寸达到项目任务的要求，使标注的尺寸符合制图标准，零件图的尺寸标注过程，如图 3-15 所示。检查后，零件图绘制结果，如图 3-16 所示。

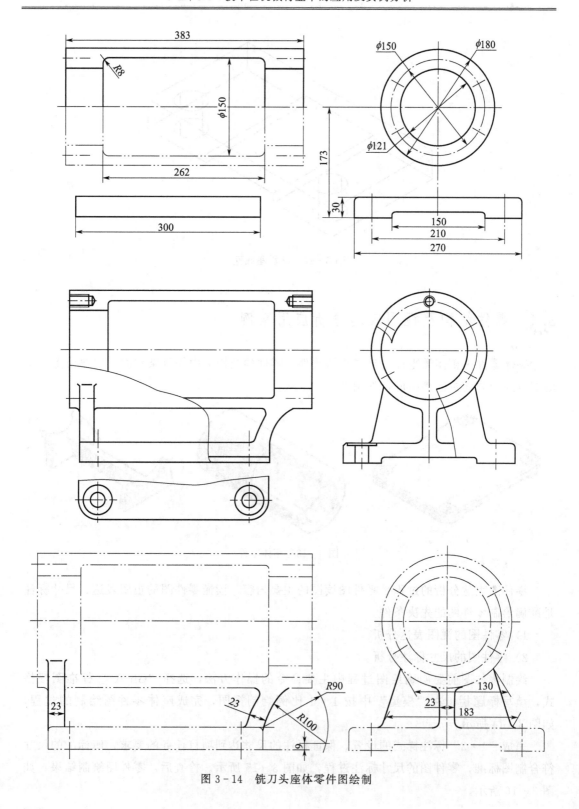

图 3-14　铣刀头座体零件图绘制

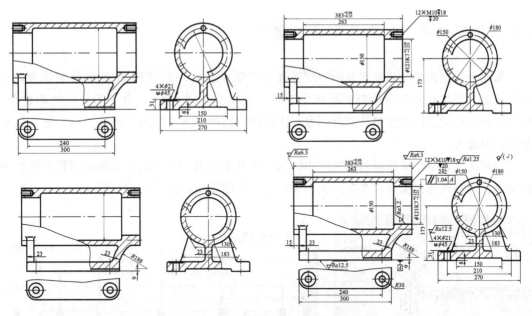

图 3-15　零件图的尺寸标注过程

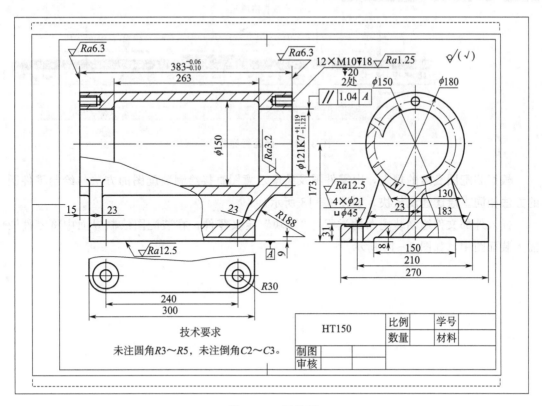

技术要求

未注圆角 R3~R5，未注倒角 C2~C3。

	HT150	比例		学号	
		数量		材料	
制图					
审核					

图 3-16　零件图

3.5　标题栏及明细表绘制应用案例

根据目前生产中对装配图复杂程度掌握的需要，选择平口虎钳装配图的绘制作为该项目的任务，要求在装配图绘制的过程中正确、准确地选择 CAXA 电子图板的绘图命令，保证绘制的装配图内容完整并符合国家制图标准，同时丰富装配图的理论知识，提高装配图的读图能力。

使用插入表格的方法绘制装配图中的标题栏和明细表。明细表外框和标题栏的外框为粗实线，内格线用细实线，文字用长仿宋体或工程字填写，如图 3-17 所示。

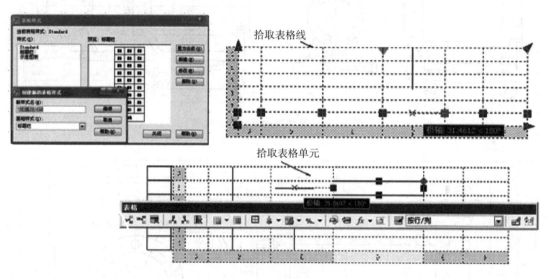

图 3-17　标题栏样式

根据装配图表达的规定，由零件图及装配示意图直接绘制装配图的方法与绘制零件图的方法相同。绘图速度较快，如图 3-18 所示。

插入外部文件绘制装配图的过程："写块"定义零件，在装配图绘制界面中将零件图插入装配图中，如图 3-19 所示。

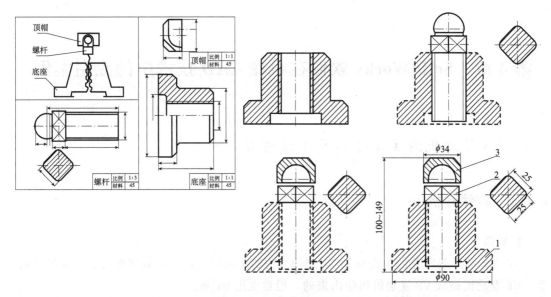

图 3-18 装配图绘制过程

图 3-19 插入块的操作

第4章　SolidWorks 软件在机械 CAD 技术中的应用案例

4.1　V8 发动机的实体建模及运动仿真应用案例

4.1.1　零件分析

1. V 角

V8 发动机中最常见的角度是 90°，这种结构的产品很多，具有最理想的点火和振动特性。V6 发动机是从 V8 发动机衍生出来的，通常也用 90°角。

有的 V8 发动机用不同的角度，一个显著的例子是用在福特金牛 SHO 的福特/雅马哈 V8 发动机。它是以福特的 Duratec V6 为基础的，是 60°角。这种发动机已在 2005 年配套沃尔沃轿车。这种结构的发动机在大型汽车发动机中比较常见。低于 3L 的发动机很少使用这种结构，已有 8.5 L 的了。美国汽车在 20 世纪 70 年代中期就大部分使用这种结构的发动机。

2. 曲轴的类型

因为曲轴的不同，所以有两种不同类型的 V8。垂直面是美国交通车辆中典型的 V8 结构。一组内（每 4 个一组）每个曲柄与前一个的夹角都是 90°，因而从曲轴的一端看形成一个垂直结构。这种垂直面可以实现很好的平衡，但需要很重的配重铁。因为有很大的旋转惯性，使这种垂直面结构的 V8 发动机拥有较低的加速度，相对其他类型的发动机不能很快地提速或者减速。这种结构的 V8 发动机点火次序是从头到尾的，这就需要设计一套额外的排气系统，来连接两端的排气管。这种复杂而近乎成累赘的排气系统已经成为单座赛车设计者很头疼的一个大问题了。

平面是指曲柄成 180°。它们的平衡就不是那么完美了，除非用平衡轴，否则振动就非常大。因为不需要配重铁，曲轴的质量小、惯性低，可以有高的转速和加速度。这种结构在 1.5 L 的现代赛车 Coventry Climax 中很常见，这个发动机是从垂直面演变成平面结构的。V8 结构的交通用汽车是法拉利（Dino 发动机），Lotus（Esprit V8 发动机），和 TVR（Speed Eight 发动机）。这种结构在赛车发动机上很常见，最著名的是 Cosworth DFV。垂直面结构的设计很复杂。因此，大部分的早期 V8 发动机，包括 De Dion - Bouton、Peerless 和凯迪拉克都是平面结构设计。1915 年，垂直面的设计构思在一次美国汽车工程大会上出现，但是用了 8 年时间才有了总成。Cadillac 和 Peerless（他雇用了一个前 Cadillac 数学家为其工作）同时申请垂直面设计的专利，并且双方答应分享构思。Cadillac 在 1923 年推出了他们的 "Compensated Crankshaft" V8 发动机，使用了 Peerless 在 1924

年 11 月推出的 Equipoised Eight。

4.1.2　发动机零件三维建模

V8 发动机主要由引擎基体、曲轴、连杆、主要带轮、小带轮、凸轮轴、进气室、排气口、排气管道、进气阀、活塞和飞轮几部分构成。下面主要对这几部分零件的作用以及在 SolidWorks 中主要用哪些特征完成零件建模进行介绍。

1. 引擎基体

基体组由气缸盖、气缸盖衬垫、气缸体、气缸套和油底壳等组成，基体组是发动机的支架，是曲柄连杆机构、配气机构和发动机各系统主要零部件的装配基体。气缸盖用来封闭气缸顶部，并与活塞顶和气缸壁一起形成燃烧室。另外，气缸盖和机体内的水套和油道以及油底壳又分别是冷却系统和润滑系统的组成部分。在 SolidWorks 中主要用拉伸、切除、筋、镜像、圆角以及 M4 螺孔等特征完成零件建模，如图 4-1 所示。

图 4-1　引擎基体三维实体模型

2. 曲轴

曲轴是发动机中最重要的部件。它承受连杆传来的力，并将其转变为转矩通过曲轴输出并驱动发动机上其他附件工作。曲轴受到旋转质量的离心力、周期变化的气体惯性力和往复惯性力的共同作用，使曲轴承受弯曲扭转载荷的作用。因此，要求曲轴有足够的强度和刚度，轴颈表面需耐磨、工作均匀、平衡性好。在 SolidWorks 中主要用旋转、拉伸、旋转切除、线性阵列、圆角以及倒角等特征完成零件建模，如图 4-2 所示。

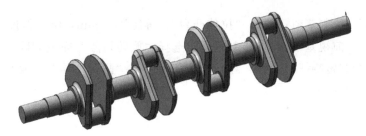

图 4-2　曲轴三维实体模型

打开软件后，选择"前视基准面"，绘制4-3草图。

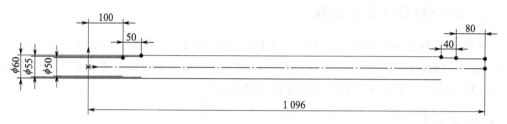

图4-3　曲轴草图

选择"旋转凸台"完成旋转特征，如图4-4所示。

图4-4　旋转特征

选择左端面，进入"草图绘制"，绘制图4-5草图。

选择"拉伸凸台"，等距220 mm，给定深度86 mm，完成拉伸特征，如图4-6所示。

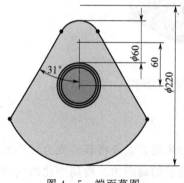

图4-5　端面草图

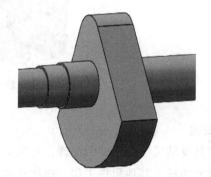

图4-6　曲轴拉伸特征

选择"前视基准面"，绘制图4-7草图；选择"旋转切除"完成切除特征，如图4-8所示。

选择左端面，绘制草图；选择"拉伸凸台"，等距420 mm，给定深度86 mm，完成拉伸特征。选择"前视基准面"，绘制草图，选择"旋转切除"完成切除特征。选择"线性阵列"，方向为旋转特征的边线，阵列的特征为两个"凸台拉伸"和两个"旋转切除"，绘制过程如图4-9所示。

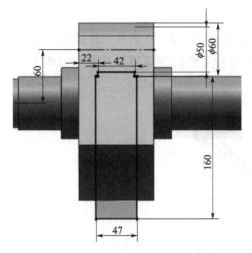

图 4-7　旋转切除草图

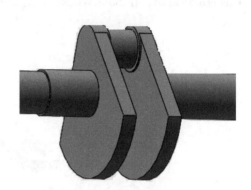

图 4-8　旋转切除完成

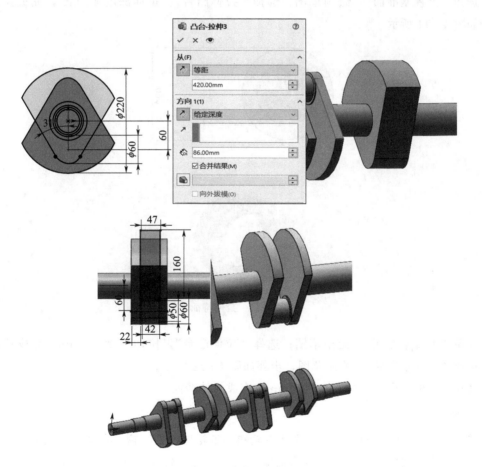

图 4-9　曲轴绘制过程

3. 连杆

连杆连接活塞和曲轴，并将活塞所受的作用力传递给曲轴，将活塞的往复运动转变为曲轴的旋转运动。在 SolidWorks 中主要用拉伸和圆角等特征完成零件建模，如图 4 - 10 所示。

图 4 - 10　连杆三维实体模型

选择"上视基准面"，绘制草图；选择"拉伸凸台"，拉伸深度 40 mm，完成拉伸特征，如图 4 - 11 所示。

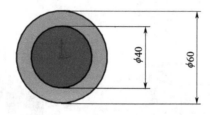

图 4 - 11　拉伸特征

选择"上视基准面"，绘制草图；选择"拉伸凸台"，拉伸深度 20 mm，完成拉伸特征。选择"上视基准面"，绘制草图，步骤如图 4 - 12 所示。

选择"拉伸凸台"，拉伸深度 20 mm，完成拉伸特征。

4. 带轮

带轮包括主要带轮和小带轮，主要带轮和小带轮指的是带轮，发动机带轮的作用就是传递动力，当有附件传动带时，将曲轴输出的动力进行传递。在 SolidWorks 中主要用旋转、切除、圆周阵列和倒角等特征完成零件建模，如图 4 - 13 所示。

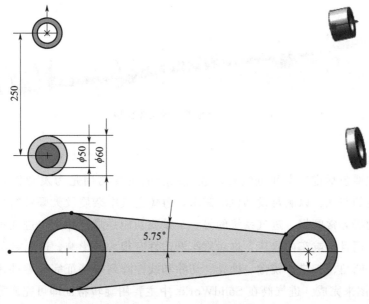

图 4 - 12　连杆绘制过程

图 4 - 13　带轮三维实体模型

5. 凸轮轴

　　凸轮轴是活塞发动机里的一个部件。它的作用是控制气门的开启和闭合动作。由于气门运动规律关系到一台发动机的动力和运转特性，因此凸轮轴设计在发动机的设计过程中占据着十分重要的地位。在 SolidWorks 中主要用旋转和拉伸等特征完成零件建模，如图 4 - 14 所示。

图 4 - 14　凸轮轴三维实体模型

6. 进气系统

进气系统主要包括进气室和进气阀，进气系统的主要功用是为发动机输送清洁、干燥、充足而稳定的空气，以满足发动机的需求，避免空气中杂质及大颗粒粉尘进入发动机燃烧室造成发动机异常磨损。进气系统的另一个重要功能是降低噪声，进气噪声不仅影响整车通过噪声，而且影响车内噪声，这对乘车舒适性有很大的影响。进气室在 SolidWorks 中主要用拉伸、圆角、扫描、镜像、抽壳、切除和线性阵列等特征完成零件建模，其中扫描需要用 3D 草图来完成。进气阀在 SolidWorks 中主要用旋转特征即可完成零件建模，如图 4 - 15 和图 4 - 16 所示。

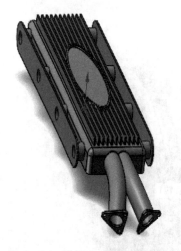

图 4 - 15　进气室三维实体模型　　　　　图 4 - 16　进气阀三维实体模型

7. 排气系统

排气口和排气管道是发动机排气系统的一部分，排气系统主要包括排气歧管、排气管和消声器，一般为控制发动机污染物排放的三校催化器也安装在排气系统中，排气管一般包括前排气管和后排气管。排气口在 SolidWorks 中主要用拉伸、圆顶、旋转、切除、线性阵列、基准面等特征完成零件建模，如图 4 - 17 所示。排气管道在 SolidWorks 中主要用拉伸、基准面、放样、切除、镜像、圆角、扫描、组合、线性阵列等特征完成零件建模，其中扫描需要用 3D 草图来完成，如图 4 - 18 所示。

图 4 - 17　排气口三维实体模型　　　　　　图 4 - 18　排气管道三维实体模型

8. 飞轮

飞轮的主要作用是储存发动机做功冲程外的能量和惯性。四行程的发动机只有做功一个冲程吸气、压缩、排气的能量来自飞轮储存的能量。在 SolidWorks 中主要用旋转、圆角、拉伸、圆周阵列等特征完成零件建模，如图 4 - 19 所示。

9. 活塞

活塞的主要功用是承受燃烧气体压力，并将此力通过活塞销传递给连杆，以推动曲轴旋转。在 SolidWorks 中主要用旋转、拉伸、切除、镜像、圆角等特征完成零件建模，如图 4 - 20 所示。

图 4 - 19　飞轮三维实体模型　　　　　　图 4 - 20　活塞三维实体模型

选择"前视基准面"绘制图 4 - 21 所示草图，选择"旋转凸台"，完成旋转特征。

选择"前视基准面"绘制草图，选择"拉伸切除"完全贯穿两者，完成切除特征。选择基准面，绘制草图；选择"拉伸凸台"成形到一面，选择内顶面，完成拉伸特征。在"右视基准面"绘制草图，选择"拉伸切除"完全贯穿两者，完成切除特征。选择基准面，绘制草图；选择"拉伸凸台"拉伸深度 9 mm，完成拉伸特征。选择"镜像"，用"右视基准面"作为镜像面，要镜像的特征为图 4 - 22（e）所建的拉伸特征。

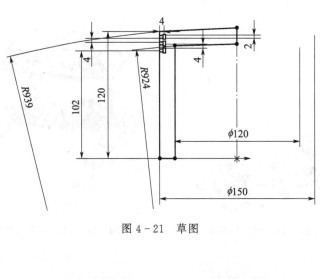

图 4 - 21　草图

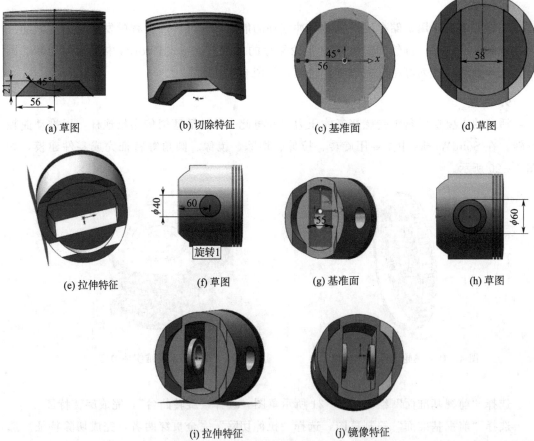

(a) 草图　　　　　(b) 切除特征　　　　　(c) 基准面　　　　　(d) 草图

(e) 拉伸特征　　　　　(f) 草图　　　　　(g) 基准面　　　　　(h) 草图

(i) 拉伸特征　　　　　(j) 镜像特征

图 4 - 22　活塞绘制过程

4.1.3　零件装配与运动仿真

发动机主要运动部分包括曲柄连杆机构和配气机构，此次主要针对发动机的主要运动部分进行装配和仿真，因此对一些与仿真无关的零件进行隐藏处理，主要运动部分零件装配体如图 4-23 所示。

图 4-23　主要运动部分零件装配体

1. 零件装配

主要运动部分包含活塞、连杆和曲柄。打开软件后，选择"新建"，单击"装配体"，进入装配界面，如图 4-24 所示。

图 4-24　新建

进入装配界面后，单击"插入零部件"，插入曲轴 1 个、连杆 8 个、活塞 8 个、引擎基体 1 个。单击"配合"，选择图 4-25 所示的两面，单击"同轴心"，完成装配。

选择图 4-26 所示的两面，单击"同轴心"，完成装配。

图 4-25　同轴心　　　　　　　图 4-26　同轴心

　　其余的 7 个活塞全部按照图 4 - 26 进行配合，之后把"引擎基体"隐藏。选择图 4 - 27 所示的两面，单击"重合"，完成装配。

　　选择图 4 - 28 所示的两个圆，单击"同轴心"，完成装配。

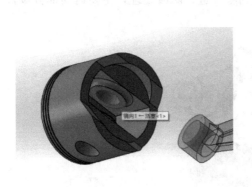

图 4 - 27　重合

图 4 - 28　同轴心

　　选择图 4 - 29 所示的两面，单击"同轴心"，完成装配。

　　选择图 4 - 30 所示的两面，单击"重合"，完成装配。其余 7 个的装配方式与此相同。

图 4 - 29　同轴心

图 4 - 30　重合

2. 运动仿真

　　主要零件装配完成后，单击屏幕左下角的"Motion Study"，进去之后选择基本运动，之后单击"马达"，如图 4 - 31 所示。

图 4 - 31　运动动画界面

选择"旋转马达",马达位置选择"曲轴",运动选择"等速",速度为 100000 RPM,然后单击"确定",如图 4-32 和图 4-33 所示。

图 4-32　马达位置　　　　　　　　　图 4-33　马达参数

选择与装配体名称对应的菱形,如图 4-34 所示。

图 4-34　动画时间设置

向右拖动到自己需要的时间或右击,选择"编辑关键点时间",输入自己需要的时间,然后单击"计算",这样运动动画就建立完成了。单击"播放",播放运动动画。

曲轴的作用是把活塞和连杆传来的气体力转变为转矩,将活塞的直线运动转化为旋转运动,用以驱动汽车的传动系统和发动机的配气机构以及其他辅助装置。

发动机是一种由许多机构和系统组成的复杂机械。V8 发动机作为高端发动机中的一种,不仅有着复杂的结构,还隐藏着众多原理。基于 SolidWorks 对 V8 发动机进行零件三维建模,了解 V8 发动机的主要部分组成以及各部分的作用;做零件装配及运动仿真展示,了解 V8 发动机的 V 角以及曲轴类型,如图 4-35 所示。根据建好的模型对发动机的主要机构进行图文展示以及对一些结构进行解析,便于读者了解相关的部件名称,掌握部件相应的功能等。把装配好的主要运动部分独立出来进行仿真,了解 V8 发动机活塞、连杆、曲轴之间的运动关系。

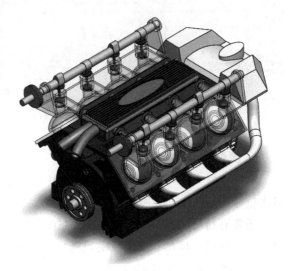

图 4-35　装配体 V8 发动机

4.2　减速器实体建模及运动仿真应用案例

4.2.1　减速器零件建模

1. 轴零件建模

在机械零件设计中,轴和轴类零件的设计不可缺少,轴类零件是机械加工中的重要支撑之一,圆柱齿轮减速器轴如图 4 - 36 所示,一个由圆柱面、圆锥面以及键槽和圆弧组成的回转体,根据 SolidWorks 软件进行设计,将二维图样转换成三维设计。利用"旋转"命令将密封线段旋转为一个实体,再用"参考"中的建立基准面(图 4 - 37)调整键槽位置,如图 4 - 38 所示。

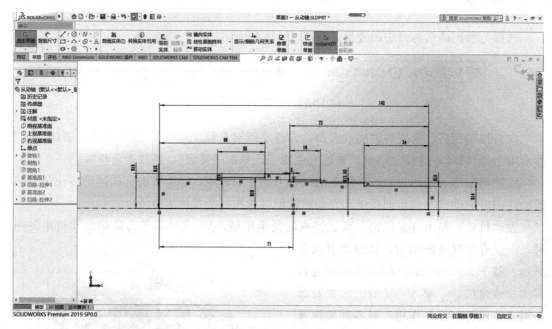

图 4 - 36　轴零件

2. 减速器底座建模

底座建模大多利用"拉伸",先选中一个视图基准面,在基准面上画出基础形状,再多次拉伸,如图 4 - 39 所示。

还需要利用"组合"模块,先"拉伸"出两个相互接触的拉伸体,如图 4 - 40 和图 4 - 41 所示,再在"组合"模块选中两个相互接触的实体,单击"共同",把两个拉伸的重合区域保留,如图 4 - 42 所示。

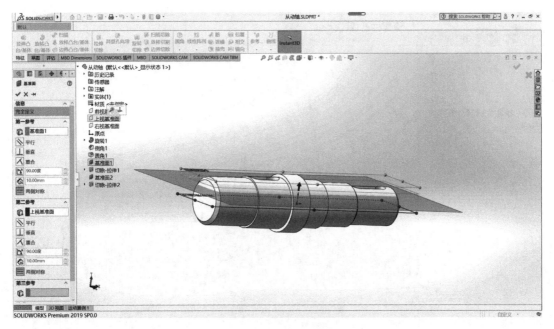

图 4-37　建立新基准面

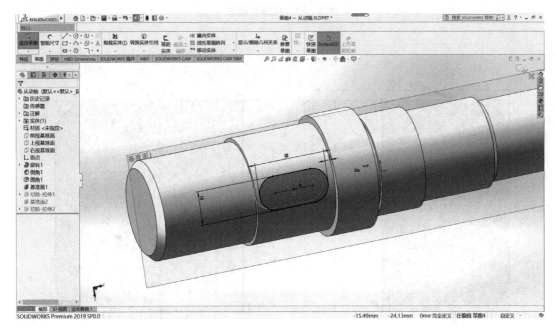

图 4-38　键槽

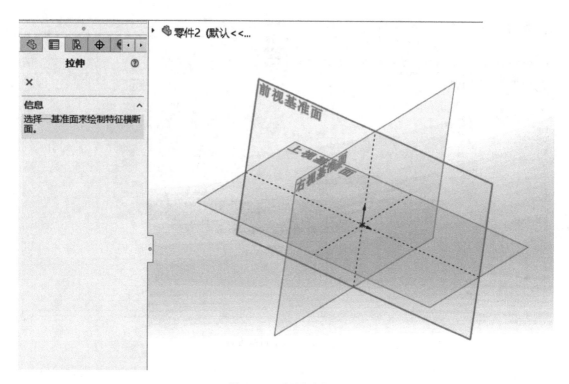

图 4 - 39 视图基准面

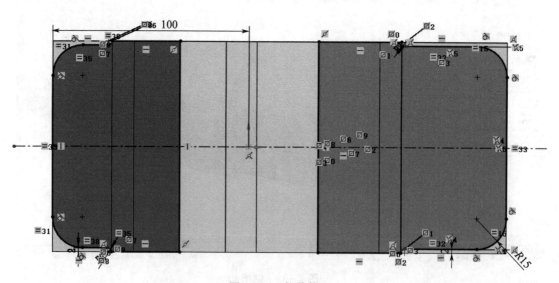

图 4 - 40 拉伸体 2

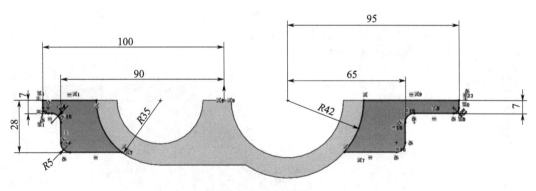

图 4 - 41　拉伸体 3

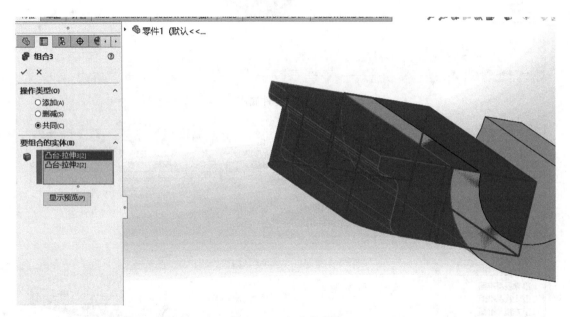

图 4 - 42　组合拉伸体

最后完成装配体，如图 4 - 43 所示。

4.2.2　圆柱齿轮减速器的装配及运动

1. SolidWorks 的装配模块

选择"新建"菜单栏中的"装配"模块，把所需要的零件通过"插入"或者直接移动到其中，如图 4 - 44 所示，轴承和齿轮可以在右边的"库"里的"GB"里面找到，如图 4 - 45 和图 4 - 46 所示。

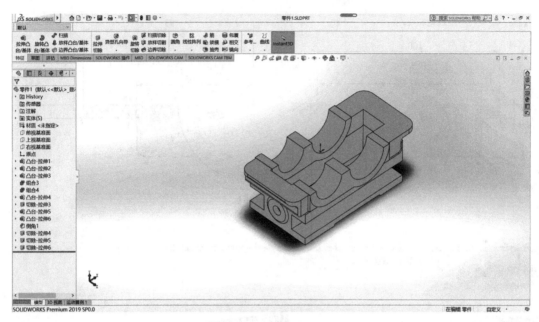

图 4 - 43　零件底座

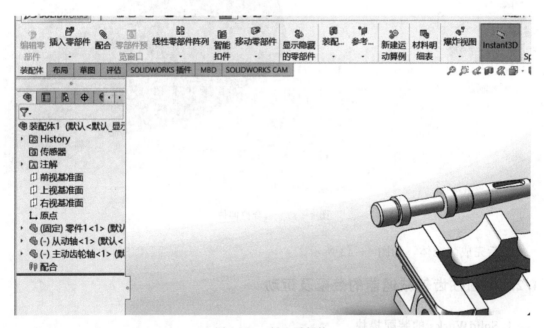

图 4 - 44　插入零部件

2. 零件装配

单击菜单栏中的"配合",先把齿轮与圆轴配合,从"库"里的"GB"里调出和键槽尺寸匹配的普通平键,先把平键安装在圆轴的键槽里,如图 4 - 47 所示,把平键的任意一面对着键槽的底面,如图 4 - 48 再让平键的圆头顶在键槽的凹坑,之后就可以配合齿轮,把齿轮带有凹坑的面对着平键表面,如图 4 - 49 再与台阶面配合。

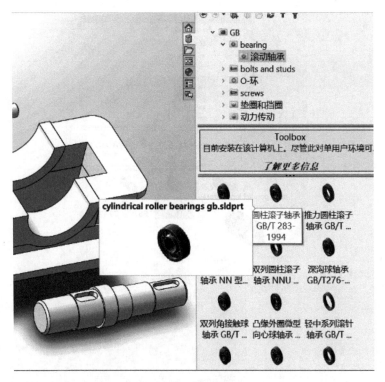

图 4 - 45　轴承

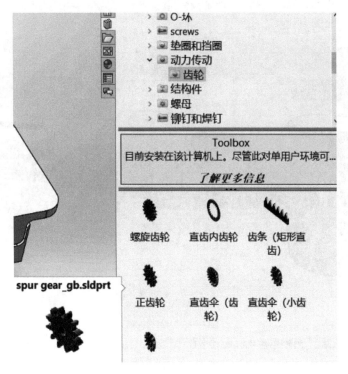

图 4 - 46　齿轮

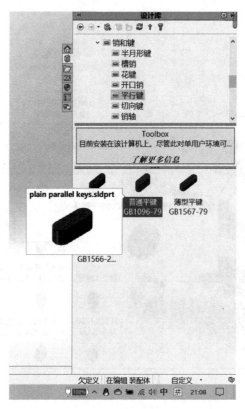

图 4 - 47　普通平键

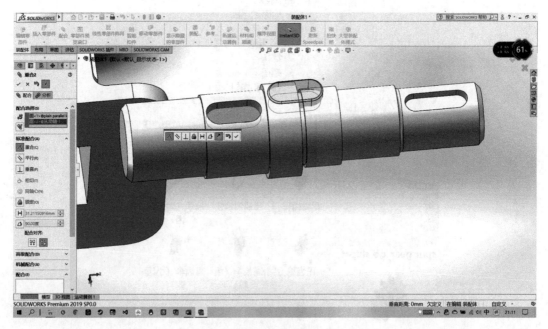

图 4 - 48　配合 1

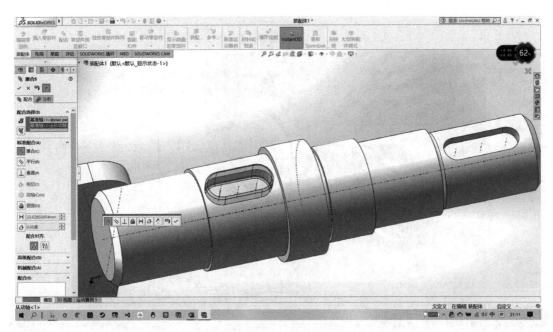

图 4 - 49　配合 2

齿轮装配，可以直接让齿轮的轴线和轴承的轴线重合，然后调整键槽和平键的位置，最后调整前后距离，如图 4 - 50 所示。

图 4 - 50　配合 3

最后安装到底座上，让圆轴的轴线和圆形凹槽的轴线重合，然后调整位置，让两个齿轮面都处于相互影响的状态，把两个齿轮的齿相切就完成了，如图 4 - 51 所示。

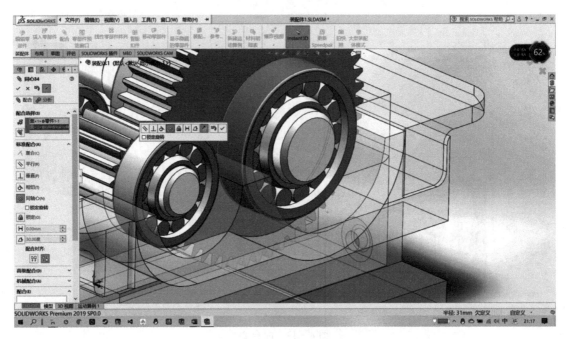

图 4-51　配合 4

3. 圆柱齿轮减速器的仿真运动

单击"插入"中的"新建运动算例",如图 4-52 所示。单击"马达",参数设置如图 4-53 所示。

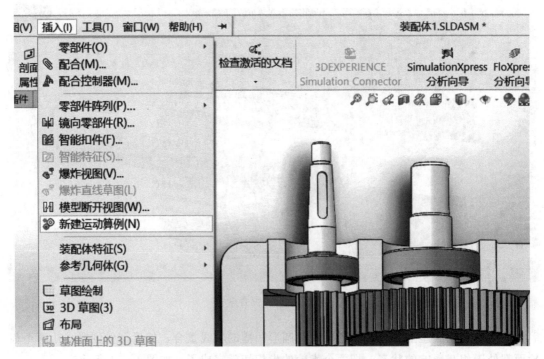

图 4-52　新建运动算例

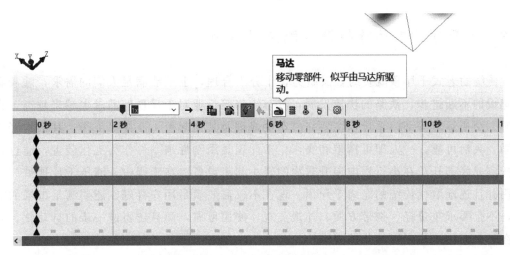

图 4 - 53　马达设置

在主动齿轮上建立一个顺时针旋转运动，如图 4 - 54 所示，设置要转动的时间，如图 4 - 55 所示。

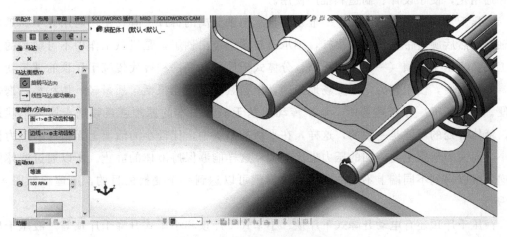

图 4 - 54　设置旋转位置及方向

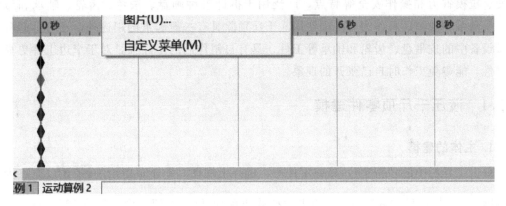

图 4 - 55　设置时间

4.3　千斤顶的实体建模及装配应用案例

传统的老式千斤顶既费时，又费力，十分不合理，也不能满足人们的需求，随着我国建设的不断进步，铁路的快速发展，汽车维修等行业对千斤顶的需求也越来越高。在厂矿、交通运输等部门千斤顶主要完成车辆修理及其他起重、支撑等工作。其结构轻巧坚固、灵活可靠，一人即可携带和操作。千斤顶是用刚性顶举件作为工作装置，通过顶部托座或底部托爪在小行程内顶升重物的轻小起重设备。在工程中，液压千斤顶被广泛应用并且逐渐取代传统的老式千斤顶。现在不仅需要满足用户喜好，还要满足市场的需求，不仅要求重量轻、携带方便、外观美观、使用可靠，而且还将进一步的自动化，乃至在不久的将来实现智能化的要求。

液压千斤顶之所以能得到广泛的应用，是因为它具有以下主要优点：液压千斤顶传动装置的质量轻、结构紧凑、惯性小；可在大范围内实现无级调速；传递运动均匀平稳，负载变化时速度较稳定；液压千斤顶传动容易实现自动化；液压元件已实现了标准化、系列化和通用化，便于设计、制造和推广使用。

液压千斤顶又称为顶拔器，一般是使轴承与轴分离的拆卸工具，使用时用 3 个抓爪勾住轴承，然后旋转带有丝扣的顶杆，轴承就被缓缓拉出轴了，是机械工作中不可缺少的一种工具。液压千斤顶（一体式千斤顶、分体式千斤顶）是一种替代传统千斤顶的理想新工具，操作方便，使用省力，不受场地限制，结构紧凑，使用灵活，质量轻，体积小，携带方便，适用于工厂等修理场所。液压传动所基于的最基本的原理就是帕斯卡原理，就是说，液体各处的压强是一致的，这样，在平衡的系统中，比较小的活塞上面施加的压力比较小，而大的活塞上面施加的压力也比较大，这样能够保持液体的静止。所以通过液体的传递，可以得到不同端上不同的压力，这样就可以达到一个变换的目的，原理图如图 4 - 56 所示。

液压千斤顶还有电动升降式千斤顶、小车式千斤顶和小车式升降千斤顶等。液压千斤顶是由撤合开关、顶杆、连接杆、千斤顶主体、销钉、小活塞和压杆组成的。它具有调节方便、拉模省力和操作安全等特点，广泛用于拆卸各种圆盘、法兰、齿轮、轴承和带轮等。手动泵和油缸还可作为千斤顶使用。千斤顶除具有一般起重的用途外，还可拆卸各种机械设备中的皮带盘、齿轮和轴承等工件。具有自销作用的千斤顶，对于窄边工件更显其优越性，能避免工作时自己张开的现象。

4.3.1　液压千斤顶零件建模

1. 主体的建模

单击工具栏中的"新建"，新建零件图。选择上视图，单击草图绘制 ⬛。以原点为中心画圆 ⬤，标注尺寸 $\phi 60$ mm。单击"拉伸凸台/基体"按钮，设置参数 125 mm，拉伸

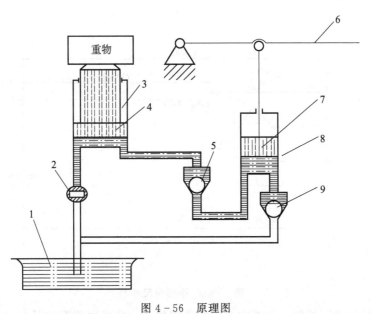

图 4-56 原理图

1—油箱；2—放油阀；3—大缸体；4—大活塞；5、9—单向阀；

6—杠杆手柄；7—小活塞；8—小缸体

出圆柱体。

单击"圆角"按钮，选择上顶边线倒圆角 5 mm。倒圆角后选择上边线，单击"转换实体引用"按钮。拉伸 5 mm，上边线倒圆角 1 mm，如图 4-57 所示。

图 4-57 向上拉伸的结果

选择实体顶面绘制六边形 ，并标注 ϕ40 mm，拉伸 7 mm。单击右视图选择草图绘制绘制直线和圆弧，如图 4-58 所示，标注尺寸 28.82 mm、18 mm、5 mm 和 R17.95 mm。

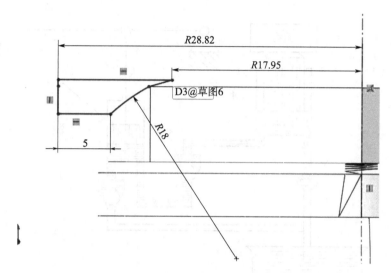

图 4 - 58　小圆台尺寸

单击"旋转切除"按钮，选择中心轴和草图轮廓，完成预览图如图 4 - 59 所示。

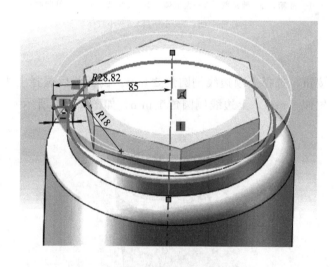

图 4 - 59　旋转切除

单击"基准面"，创建基准面 1，选择"实体底面"，距离为 27 mm，完成后如图 4 - 60 所示。

单击"实体底面"，向外等距实体 3 mm。选择基准面 1 绘制圆，标注 φ70 mm，退出草绘。选择"放样凸台/基体"　⬛ 放样凸台/基体，完成后如图 4 - 61 所示。

在基准面 1 上绘制中心矩形，标注 100 mm、40 mm、93 mm，如图 4 - 62 所示。完成后向下拉伸 4 mm，单击"完成"按钮。

单击拉伸的实体顶面，单击"草绘"，绘制图 4 - 63 所示的连接线。

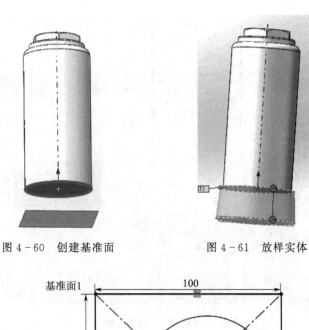

图 4 - 60　创建基准面　　　　　　图 4 - 61　放样实体

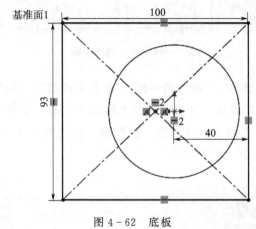

图 4 - 62　底板

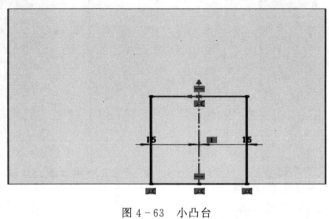

图 4 - 63　小凸台

　　完成后拉伸 20 mm，设置倒圆角数值为 5 mm，以同样的方式绘制另一侧的连接线，完成后如图 4 - 64 所示。

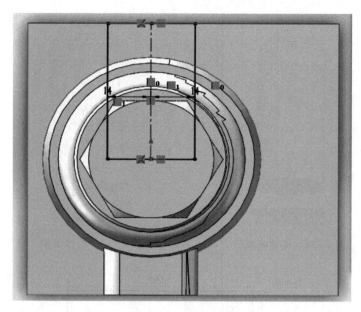

图 4-64　另一侧连接线

退出草绘，拉伸设置参数，"成形到一面"，选择基准面 1，完成后如图 4-65 所示。

创建基准面 2，选择基准面 1 为参考，向上移动 38 mm。选择底座上顶面绘制圆，标注尺寸 $\phi 28$ mm，单击基准面 2 选择草绘，绘制圆，标注尺寸 25 mm。单击"放样"，完成后如图 4-66 所示，单击"确定"。

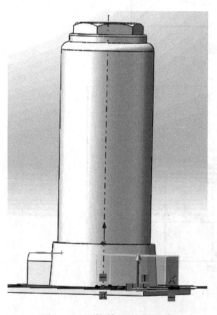

图 4-65　拉伸另一侧凸台

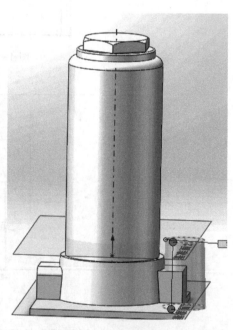

图 4-66　创建基准面 2

单击"放样实体顶面"，绘制圆并标注 ϕ19 mm。向上拉伸高度为 20 mm，单击"确定"。在拉伸顶面绘制 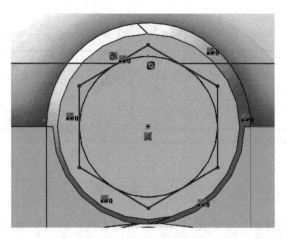 ，绘制完成后如图 4 - 67 所示。

图 4 - 67　顶面六边形

向上拉伸，设置参数为 11 mm。选择拉伸顶面绘制圆，标注 ϕ12 mm，向下拉伸切除，设置参数为 52 mm。在顶面选择与六边形相切的圆向内等距，距离为 6 mm。完成后向下拉伸切除，设置参数为 140 mm，完成后如图 4 - 68 所示，单击"确定"。

单击图 4 - 68 凸台后顶面等距外边线，参数为 5 mm，之后向上拉伸 2 mm。单击"拉伸实体顶面"，绘制图 4 - 69 所示的直线，标注点与点之间的宽度为 5 mm，向上拉伸，参数为 16 mm，两侧对称数值为 5 mm，单击"确定"。

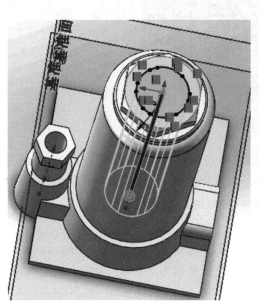

图 4 - 68　向下拉伸切除

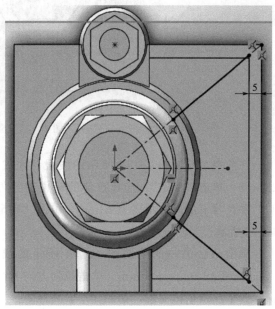

图 4 - 69　两耳的尺寸

拉伸后在前视图绘制图 4-70 所示的直线，标注 40 mm、16 mm、4 mm，选择旋转切除，基准值 1 为旋转轴，方向 1 和方向 2 都为 60°，单击"确定"。

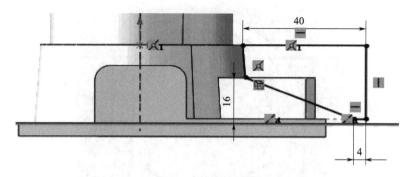

图 4-70　旋转切除

单击两耳之间的实体面，绘制图 4-71 所示的实线，绘制完成后拉伸，拉伸参数选择"成形到一面"，选择基准面 1，单击"确定"。

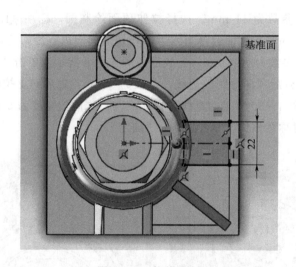

图 4-71　拉伸基台

在前视图绘制图 4-72 所示的线段，完成后拉伸切除，设置参数两侧对称，数值为 25 mm，单击"确定"。选择拉伸的两边倒圆角，参数为 10 mm。绘制尺寸为 $\phi 9$ mm 的圆，并且与下底面的距离为 22mm，单击"确定"，拉伸切除，参数为 4 mm，完成后如图 4-73 所示。

单击凸台另一面绘制图 4-74 所示的线段，标注尺寸 31 mm、30 mm、24 mm、21 mm 和 $\phi 6$ mm、$R 5$ mm，单击拉伸方向为两侧对称，数值为 7 mm，单击"确定"，并保存。千斤顶主体完成，如图 4-75 所示。

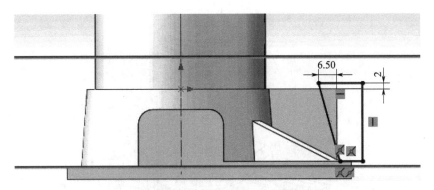

图 4 - 72　拉伸切除尺寸

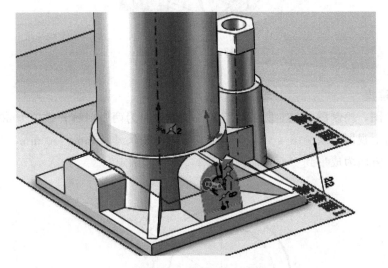

图 4 - 73　倒圆角及内孔圆

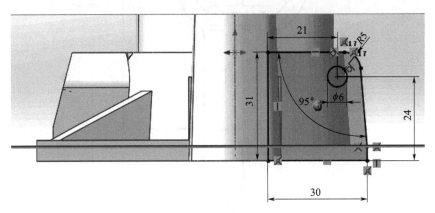

图 4 - 74　侧面尺寸

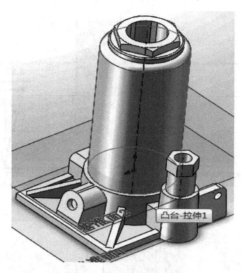

图4-75　千斤顶主体图

2. 压杆建模

单击前视图，绘制图4-76所示的草图，拉伸方向为两侧对称，数值为60 mm，单击"确定"。单击上视图，绘制图4-77所示的实线，标注尺寸4 mm、10 mm、4 mm，单击"拉伸切除"，方向为成形到一面，曲面为面1，单击"确定"。

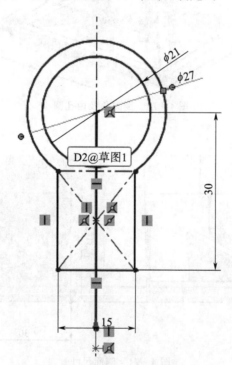

图4-76　压杆草图

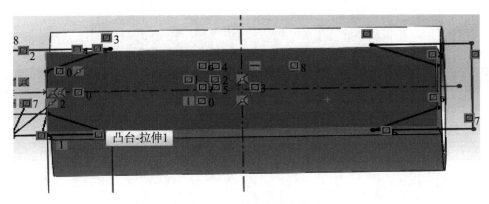

图 4 - 77　拉伸边线实线

选择上视图绘制直线，标注距外边线 1 mm，如图 4 - 78 所示，拉伸切除设置方向到离指定面指定的距离，曲面为面 1，间距为 3 mm，单击"确定"。

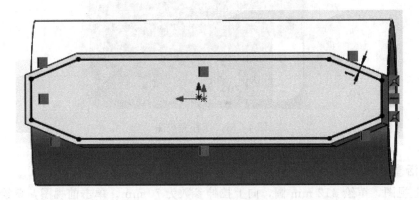

图 4 - 78　等距线

单击右视图，绘制图 4 - 79 所示草图，拉伸切除方向为"两侧对称"，间距为 34 mm，单击"确定"。

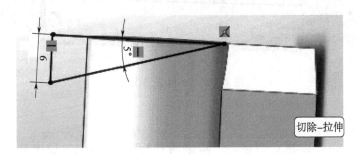

图 4 - 79　拉伸切除草图

绘制底座上的圆，并标注尺寸，拉伸切除设置方向到离指定面指定的距离，曲面为面 1，间距为 3 mm。单击"确定"，并倒圆角，圆角参数为 10 mm，完成后如图 4 - 80 和图 4 - 81 所示，并保存。

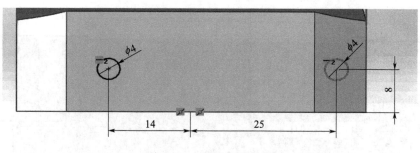

图 4-80 压杆小圆尺寸

图 4-81 压杆完成图

3. 小活塞建模

单击上视图，草绘 ϕ12 mm 圆，向上拉伸参数为 70 mm。单击前视图，草绘圆并标注 ϕ4mm，距离上边线 3 mm，退出草绘，拉伸切除方向为两侧对称，数值为 12 mm，单击"确定"，并保存，完成后如图 4-82 所示。

图 4-82 小活塞完成图

4. 销钉建模

单击前视基准面，以原点为中心，草绘圆并标注 ϕ4 mm。退出草绘，拉伸数值为 15 mm，向上拉伸。单击实体顶面绘制，圆数值为 ϕ8 mm，向上拉伸数值为 0.5 mm。单击"圆顶" 🔵圆顶 按钮，设置参数为 2 mm，单击"确定"，并且保存，完成后如图 4-83 所示。

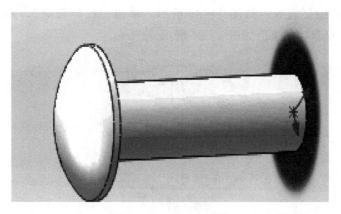

图 4 - 83　销钉完成图

5. 顶杆建模

单击前视图绘制图 4 - 84 所示的实线，标注尺寸 178 mm、170 mm、$R14$ mm、$R11$ mm，单击旋转基台，旋转轴为 178 mm 的线，角度为 360°，单击"确定"。单击圆角，最大的圆柱上顶面边线倒圆角参数为 3 mm。

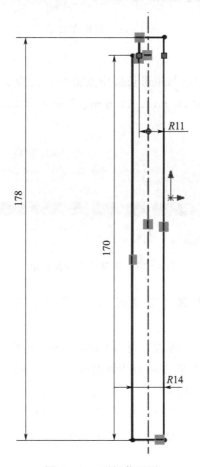

图 4 - 84　顶杆截面图

单击上顶面，绘制直线，如图 4-85 所示。单击"拉伸切除"，方向向内，参数为 2 mm，确定并且保存，完成后如图 4-86 所示。

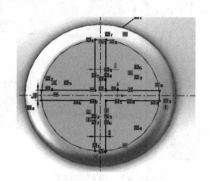

图 4-85　顶面线尺寸

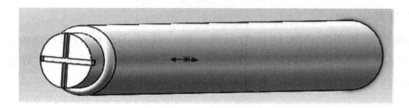

图 4-86　顶杆完成图

6. 连接杆建模

单击上视图草绘矩形，原点与矩形长边中点重合，长为 15 mm，宽为 2.5 mm。单击右视图，草绘线段，标注长度 50 mm、12 mm、8 mm 及 3.5 mm，单击"扫描"按钮。扫描完成后如图 4-87 所示。

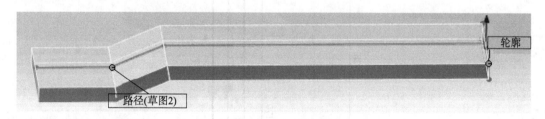

图 4-87　连接杆线段及扫描

单击"镜像"按钮，选择镜像基准面 1，镜像的实体，单击"确定"，如图 4-88 所示。

单击前视图草绘，绘制圆。标注尺寸 φ4 mm、两圆心距离 61 mm、圆心与实体边距 5 mm，退出草绘。单击拉伸切除方向为两侧对称，参数为 20 mm，如图 4-89 所示。

单击前视图草绘，绘制直线和圆弧，标注线段长度 6 mm、圆弧断点与直线的间距 2.5 mm，如图 4-90 所示，单击拉伸切除方向为两侧对称，数值为 20 mm。倒圆角，设置数值为 5 mm，完成后如图 4-91 所示，保存并退出。

图 4-88　镜像图

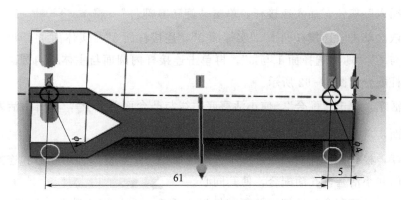

图 4-89　连接杆上小圆图

图 4-90　圆弧图

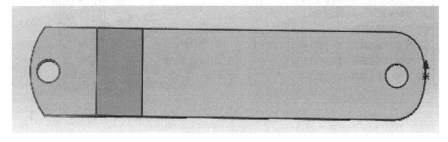

图 4-91　连接杆完成图

4.3.2　液压千斤顶零件的装配

单击标准工具栏中的"新建"按钮，单击"装配体" 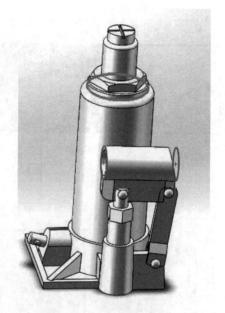，新建一个装配体文件。插入零部件，浏览要打开的文件，单击"确定"插入液压千斤顶主体，放正主体然后插入顶杆。

单击"配合" 配合 按钮。选取顶杆底边线和主体中心轴底面，在弹出的菜单中单击"✗"，然后单击顶杆轴面和千斤顶内轴面，单击"同心圆" ◎ 按钮，使其同心。

单击"插入"按钮，插入连接杆，单击"旋转零部件" 旋转零部件 旋转零件到合适的位置，依次单击"连接杆面1""实体面2""连接杆面3""实体面4"。单击"配合宽度选择面2与4""薄片选择面1与3"，再单击连接杆内圆面与主体小内圆面，配合使其同心，连接杆配合如图4-92所示。

插入小活塞，单击"配合"，使小活塞底边线与凸台面重合 ✗，单击小活塞侧面与主体小内筒侧面，单击"同心圆" ◎ 按钮，使其同心。

插入压杆，根据连接杆的配合添加压杆配合命令，最后使压杆内孔面和连接杆内孔面与压杆内孔面和小活塞内孔面配合，使其同心。

插入销钉，销钉配合为压杆内孔面与销钉面重合。最后完成装配，如图4-93所示，保存并退出。

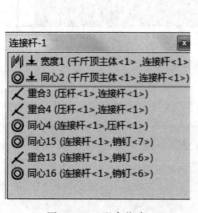

图 4-92　配合指令

图 4-93　千斤顶装配图

第5章　Creo软件在机械CAD/CAM技术中的应用案例

5.1　截止阀的三维建模及装配应用案例

截止阀的启闭件是塞形的阀瓣，密封上面呈平面或海锥面，阀瓣沿阀座的中心线进行直线运动。阀杆的运动形式，也有升降旋转杆式，可用于控制空气、水、蒸气、各种腐蚀性介质、泥浆、油品、液态金属和放射性介质等各种类型流体的流动。因此，这种类型的截流截止阀阀门非常适合作为切断或调节以及节流用。由于该类阀门的阀杆开启或关闭行程相对较短，而且具有非常可靠的切断功能，又由于阀座通口的变化与阀瓣的行程成正比例关系，非常适合对流量的调节。

截止阀又称为截门阀，属于强制密封式阀门，所以在阀门关闭时，必须向阀瓣施加压力，以强制密封面不泄漏。当介质由阀瓣下方进入阀门时，操作力所需要克服的阻力，是阀杆和填料的摩擦力与由介质的压力所产生的推力，关阀门的力比开阀门的力大，所以阀杆的直径要大，否则会发生阀杆顶弯的故障。从自密封的阀门出现后，截止阀的介质流向就改由阀瓣上方进入阀腔，这时在介质压力的作用下，关阀门的力小，而开阀门的力大，阀杆的直径可以相应地减小。同时，在介质的作用下，这种形式的阀门也较严密，如图5-1所示。

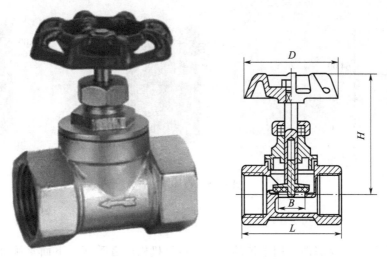

图 5-1　截止阀

一旦需要关闭阀门时，一定要向阀瓣进行施压，以这种施压来达到强制密封的效果。另外一种情况就是当各种介质通过阀瓣的下面流进这个阀里面时，对其进行的操作力是有一定阻力限制的。这个阻力就是阀杆与填料产生的一种摩擦力，再加上介质压力形成的一种推力的组合。

截止阀的开启是由手轮带动通过螺纹连接的阀杆上下移动作用，再通过阀杆带动阀瓣向上移动，打开阀门让液体流通。截止阀的密封副由阀瓣密封面和阀座密封面组成，阀杆带动阀瓣沿阀座的中心线做垂直运动。阀门对其所在的管路中的介质起着切断和节流的重要作用，截止阀作为一种极其重要的截断类阀门，其密封是通过对阀杆施加扭矩，阀杆在轴向方向上向阀瓣施加压力，使阀瓣密封面与阀座密封面紧密贴合，阻止介质沿密封面之间的缝隙泄漏。

5.1.1　截止阀零件建模

1. 阀体

阀体是阀门中的一个主要零部件，根据压力等级有不同的机械制造方法，例如铸造、锻造等。中低压规格的阀体通常采用铸造工艺生产，中高压规格的阀体采用锻造工艺生产，与阀芯以及阀座密封圈一起形成密封后能够有效承受介质压力。阀体的材质根据不同的工艺介质，选用不同的金属材料，常用的材料有铸铁、铸钢、不锈钢和碳钢等。

阀体的建模是通过应用拉伸指令完成实体的，首先草绘图5-2所示的图形，依次拉伸，然后运用拉伸切除指令在内部形成管道，运用旋转切除指令完成管道头部的建模，草绘图形如图5-3所示。按照图样标准尺寸，使用螺纹扫描的指令形成内螺纹，首先选中参考平面，然后画线的方向决定螺纹进给方向，之后在工作栏选择螺纹扫描，选择草绘螺纹尺寸，然后在延长线画出螺纹尺寸，参考图如图5-4所示。最后通过倒圆角指令去掉阀体的直边，完成阀体的建模。

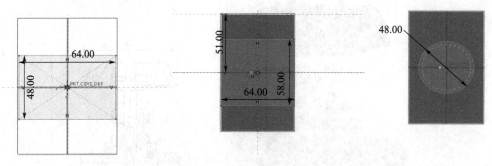

图5-2　拉伸草绘

2. 阀杆

阀杆是阀门的重要部件，用于传动，上接执行机构或者手柄，下面直接带动阀芯移动或转动，以实现阀门开关或者调节的作用。

阀杆在阀门启闭过程中不但是运动件、受力件，而且是密封件。同时，它受到介质的冲击和腐蚀，还与填料产生摩擦。因此在选择阀杆材料时，必须保证它在规定的温度下有

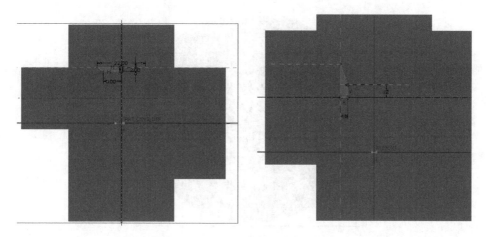

图 5-3　旋转草绘

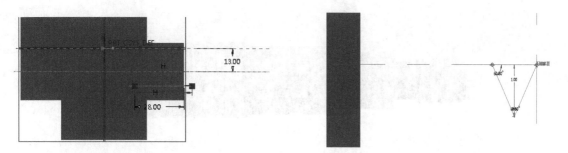

图 5-4　螺纹草绘

足够的强度，良好的冲击韧性、抗擦伤性、耐蚀性。阀杆是易损件，在选用时还应注意材料的机械加工性能和热处理性能。

　　阀杆的建模首先是运用旋转指令形成一个雏形实体，草绘如图 5-5 所示。然后运用拉伸指令形成与手轮连接所需要的菱形的实体，草绘图如图 5-6 所示。最后运用螺纹扫描指令，完成阀杆建模，如图 5-7 所示。

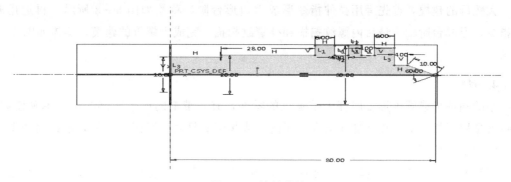

图 5-5　旋转草绘

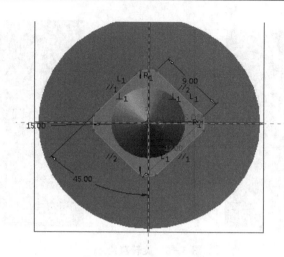

图 5-6　菱形拉伸草绘

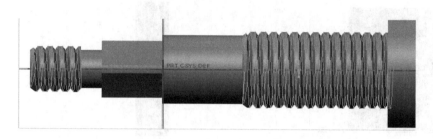

图 5-7　螺纹扫描

3. 大螺母

截止阀大螺母的功能主要是防松和抗振，常用于特殊场合，其工作原理一般是靠摩擦力自锁。自锁螺母按功能的不同可分为嵌尼龙圈的、带颈收口的、加金属防松装置的。它们都属于有效力矩型防松螺母。截止阀大螺母通过内部螺纹和外螺纹与阀体和阀杆进行装配连接。

大螺母的建模，首先运用拉伸指令形成六边形台阶，草绘如图 5-8 所示，再运用旋转指令，形成台阶轴。最后内螺纹扫描和外螺纹扫描，完成大螺母的建模，实体如图 5-9 所示。

4. 螺钉

小的圆柱形或圆锥形金属杆上带螺纹的零件，有一带槽的或带凹窝的头，单独使用。机钉就是用于机械上有攻好螺牙配套使用的，或是配螺母使用紧固于产品，根据材质要求有一定的受力作用。

螺钉的建模需要先用旋转指令形成下部分结构，然后运用拉伸指令形成头部的六边形台阶，如图 5-10 所示，最后利用外螺纹扫描形成螺钉螺纹。

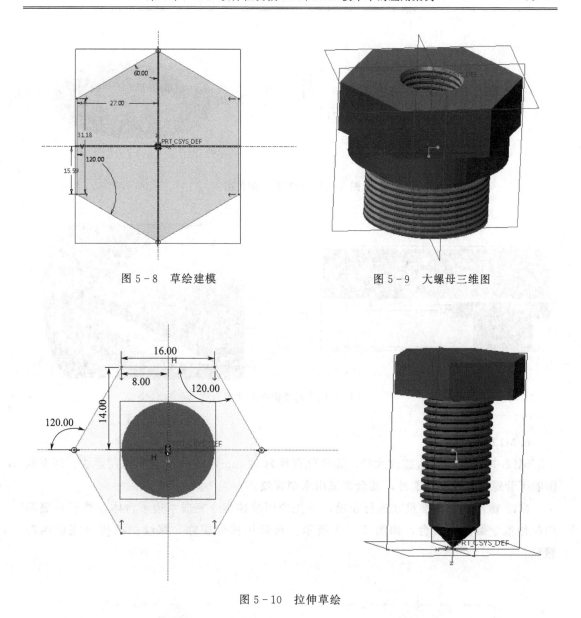

图 5-8　草绘建模

图 5-9　大螺母三维图

图 5-10　拉伸草绘

5. 手轮

操控阀门开启或者关闭的驱动装置，上面会有手动控制的手柄或者手轮，来操控阀门开关。手轮的建模，首先运用旋转指令形成手轮握把，如图 5-11 所示，然后运用拉伸指令形成底部结构，运用拉伸切除指令形成与阀杆连接处的通孔，之后运用扫描指令，如图 5-12 所示，连接手轮握把和底部。将手轮的边和连接手轮处进行倒圆角，完成手轮的建模。

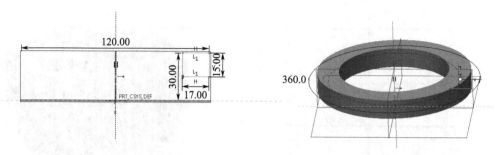

图 5-11　旋转指令的使用

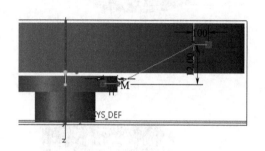
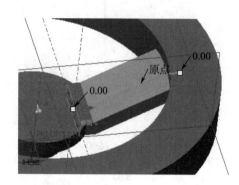

图 5-12　扫描指令的使用

6. M12 螺母

M12 中心的 12 代表螺纹大径，即公称直径为 12 mm，其中 M 表示米制螺纹。现在我国除了管螺纹还保留英制外，其余都采用米制螺纹。

M12 螺母按照标准尺寸进行建模，首先应用拉伸指令完成六边形台体，然后在底部用拉伸指令做出小凸台，如图 5-13 所示。再运用拉伸切除、螺纹扫描指令完成内部螺纹。

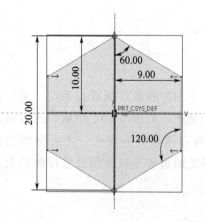
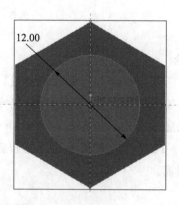

图 5-13　拉伸草绘螺母

7. 大小密封圈及垫圈

垫圈指垫在被连接件与螺母之间的零件。一般为扁平形的金属环，用来保护被连接件的表面不受螺母擦伤，分散螺母对被连接件的压力。

密封圈在工作压力和一定的温度范围内应具有良好的密封性能，并随着压力的增大能自动提高密封性能。装置和运动件之间的摩擦力要小，摩擦系数要稳定。耐蚀性强，不易老化，工作寿命长，耐磨性好，磨损后在一定程度上能自动补偿。结构简单，使用、维护方便，使密封圈有更长的使用寿命。

小密封圈的建模，首先拉伸出密封圈整体形状，然后将边进行倒圆角，大密封圈建模的步骤和小密封圈相同，如图 5 - 14 所示。垫圈建模只需要运用拉伸就可以完成。

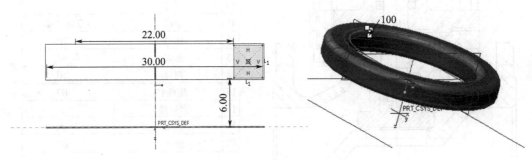

图 5 - 14　旋转和倒角指令

5.1.2　截止阀的装配

截止阀部件装配图如图 5 - 15 所示，可以采用从下到上的装配路线，首先选择模型插入阀体，在工作栏中选择固定的指令，之后单击"确认"。然后插入螺钉，在放置选项中选中螺钉的轴和阀体下面配对的孔的轴，选择重合关系，选中内孔的顶端与螺钉顶端确定重合关系，单击"确定"，完成螺钉的装配。再插入大螺母和密封圈，首先将密封圈下面与阀体上方孔壁重合，密封圈上方和大螺母对应的台阶重合；之后将大螺母的下台面和阀体上台面建立重合关系，然后将大螺母的轴和阀体上孔的轴重合。接下来插入阀杆 4 和两个密封圈，将两个密封圈依次用重合指令装配在阀杆的凹槽上，然后将阀杆的轴重合于阀体上孔的轴，再将阀杆顶端重合阀体内管道的管道孔。最后插入手轮、螺母和垫圈，将手轮装配孔的内壁重合于阀杆的啮合处，再将手轮、螺母 M12 和垫圈的轴重合于阀杆的轴，通过阀杆的固定螺母 M12、垫圈固定，安装完成。

根据装配路线和分析内容对零件进行装配，步骤如图 5 - 16 所示。

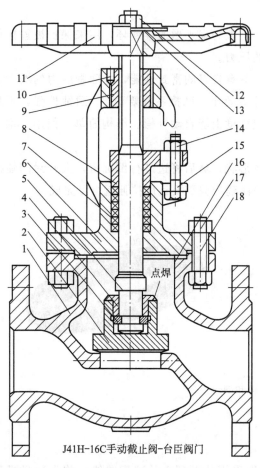

No.	零件名称	材质
1	阀体	WCB
2	阀芯	A105
3	对开圆环	20Cr13
4	阀芯盖	45
5	阀杆	20Cr13
6	阀盖	WCB
7	填料	Graphite
8	填料压盖	WCB
9	阀杆螺母	ZCuAl10Fe3/QT400
10	螺钉	B7
11	手轮	QT400-18
12	螺母	2H
13	铭牌	Al
14	螺母	2H
15	螺栓S	B7
16	密封垫	
17	螺母	
18	螺栓	B7

J41H-16C手动截止阀-台臣阀门

图 5-15　截止阀装配图

5.1.3　装配动画

截止阀的装配动画，首先打开已经装配好的截止阀文件，然后在任务栏里选择应用程序中的动画选项　，选择新建动画里的快照选项　，在定义动画里修改动画名称　。然后选择任务栏里的主体定义　，单击"每个主体一个零件"，再选择封闭　。选中任务栏里的"关键帧序列"　，

单击快照（图标）　，出现拖动对话框　，单击图上的零件，拖动零件，单击"确认"。

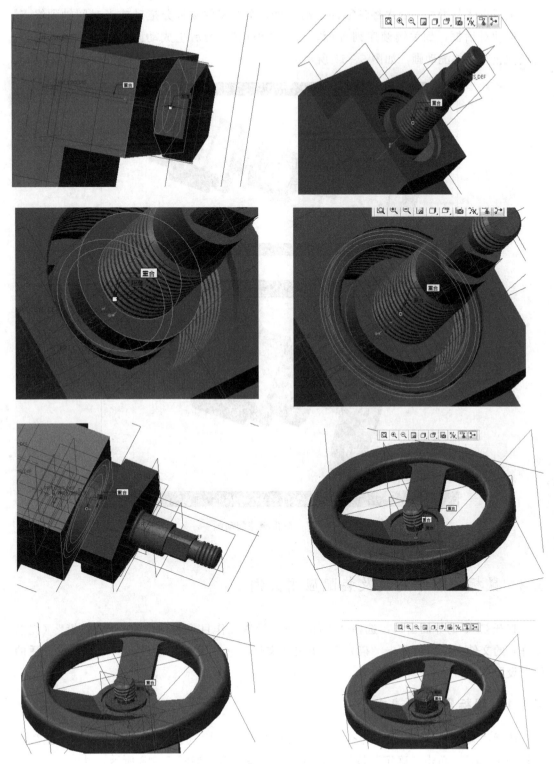

图 5 - 16　截止阀装配过程

　　重复步骤若干次，依次将各零件拖动，直到全部零件被拆分拖动或者时间轴到终点。关闭拖动对话框，到关键帧序列界面，单击"确认"。最后生成动画，回放，选择存盘，完成截止阀的装配动画，如图 5 - 17 所示。

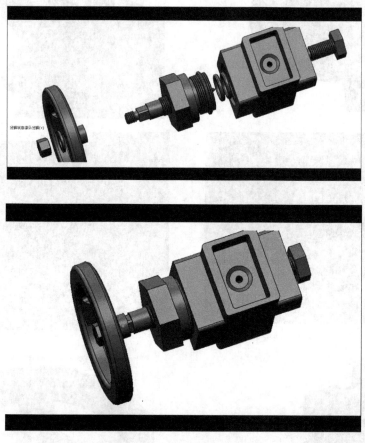

图 5 - 17　截止阀装配动画

5.2　鼠标的三维建模及装配应用案例

　　打开 Creo 的界面窗口，选择"文件"→"设置工作目录"，选择叫作"建模"（先前建好）的文件夹，然后单击"确定"。单击"文件"→"设置工作目录"命令，在合适的位置设置工作目录。

5.2.1　鼠标零件图建立

　　选择"文件"→"新建"命令，在"新建"对话框中选择"零件"类型，建立文件"SHUBIAO1"。单击"确定"按钮，进入零件建模界面，如图 5 - 18 所示。

　　通过拉伸命令，单击特征工具栏中的"草绘" 🔲 按钮，在绘图区中选择 TOP 平面作为草绘平面，画出草绘图，如图 5 - 19 所示。

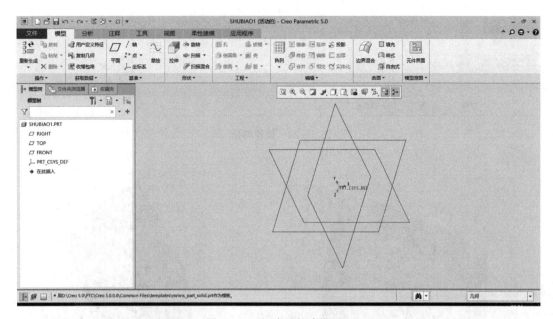

图 5 - 18　新建零件建模界面

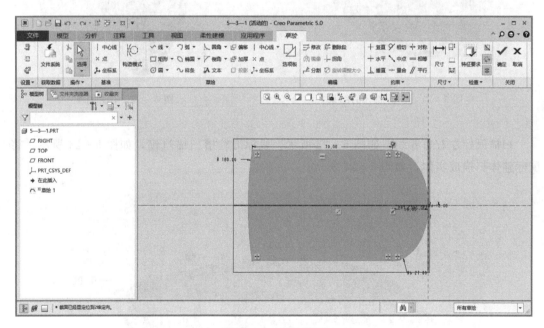

图 5 - 19　草绘平面

单击特征工具栏中的"拉伸" 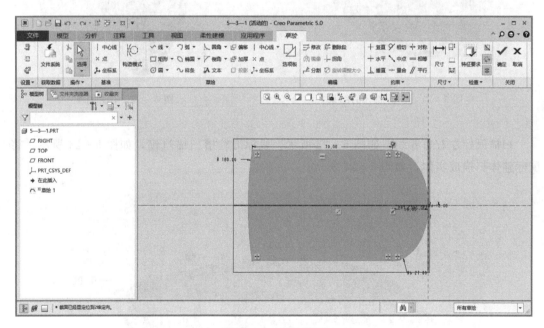 按钮，工具栏如图 5 - 20 所示。

单击特征工具栏中的"草绘" 按钮，在绘图区中草绘平面，画出扫描混合的边界曲线，扫描结果如图 5 - 21 所示。

单击合并特征，合并鼠标上表面如图 5 - 22 所示。

图 5-20　拉伸特征

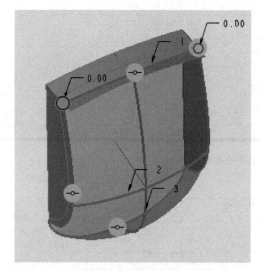

图 5-21　扫描混合的结果

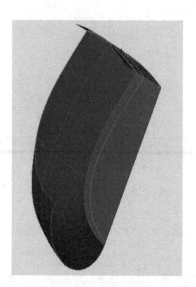

图 5-22　合并特征

扫描鼠标左右边界线，如图 5-23 所示。鼠标滑轮槽扫描轨迹，如图 5-24 所示。将鼠标整体扫描成实体，如图 5-25 所示。

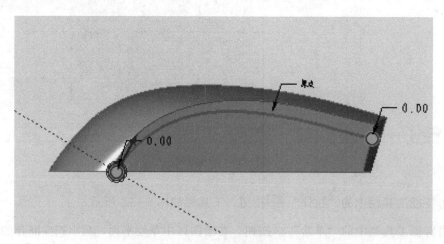

图 5-23　边界线扫描

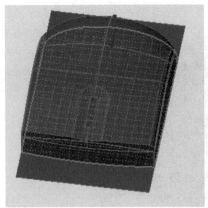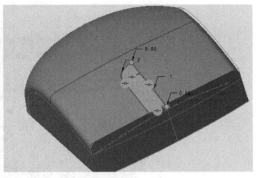

图 5-24　滑轮槽扫描轨迹

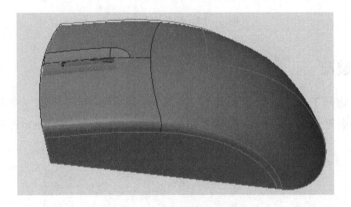

图 5-25　扫描鼠标整体

草绘鼠标滑轮，如图 5-26 所示。

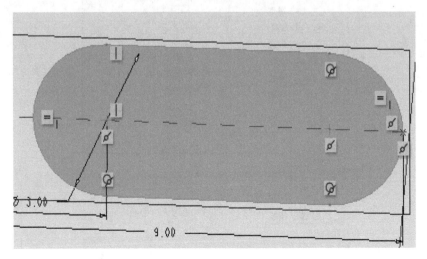

图 5-26　鼠标滑轮草图

使用旋转特征生成实体，如图 5 - 27 所示。

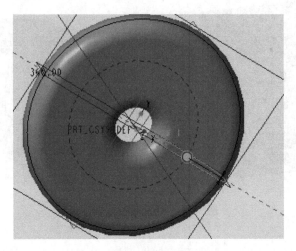

图 5 - 27   滑轮实体生成

5.2.2   鼠标装配

单击"快速访问工具栏"→"新建"，按图 5 - 28 所示步骤新建一个名为"5 - 3"的装配文件（扩展名默认为 .asm），选择公制模 mmns_asm_design，即确保装配设计时长度单位为 mm。

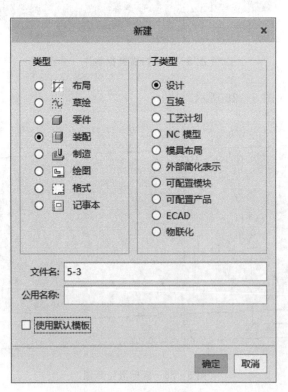

图 5 - 28   新建装配文件

　　单击"模型"选项卡"元件"组中的"组装"按钮，弹出"打开"对话框，选中文件名为"5-3-1. prt"的零件后，单击"打开"按钮，将其作为第一个零件装进 Creo 的装配环境，如图 5-29 所示。

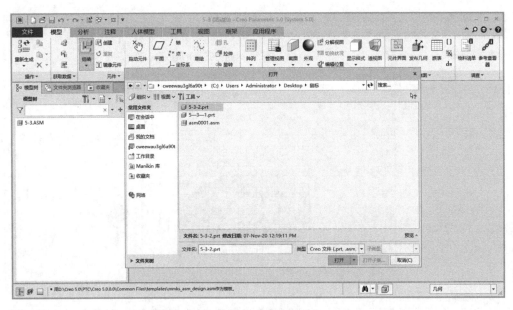

图 5-29　建立装配环境

　　作为第一个进入装配环境的零件，一般将其坐标系与装配体的坐标系重合，所以在"设置关系类型"下拉列表中选择"默认"，完成第一个零件的装配，如图 5-30 所示。

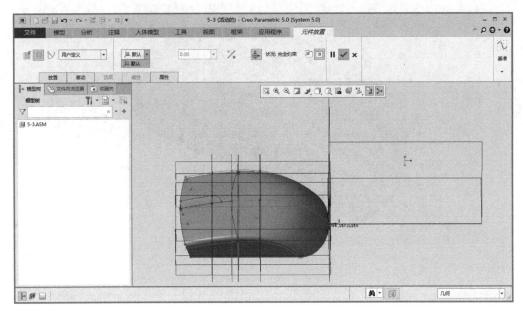

图 5-30　零件插入装配文件

单击"模型"选项卡"元件"组中的"组装"按钮，弹出"打开"对话框，选中文件名为"5-3-2.prt"的零件后单击"打开"按钮，将其调入装配环境。按照与装配 5-3-1 相同的做法完成 5-3-2 零件的装配，如图 5-31 所示。

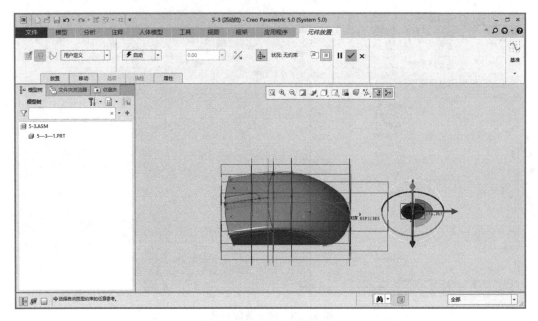

图 5-31　鼠标和滚轮装配

隐藏基准曲线和全部基准特征，最终完成的鼠标装配体如图 5-32 所示。

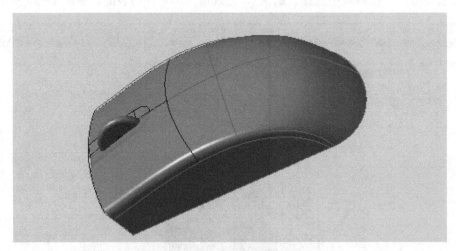

图 5-32　完成装配实体

5.3　轴零件的三维建模及仿真加工应用案例

5.3.1　轴零件建模

设计轴零件有很多种方法，比如使用 UG、SolidWorks、Creo 建模。Creo 数控加工功能很强大，一般中小型企业多使用 Creo 软件，而 SolidWorks 是新兴起的软件，在模具设计中功能也很强大，但是会使用它的人并不多，所以这里选择了比较容易使用的模具设计功能强大且成熟的 Creo 软件来设计模具。

在使用 Creo 设计轴零件的过程中，要注意以下一些问题：

1）在新建 Creo 文档时注意存储路径，否则找不到文件。

2）绘制草图要选择正确的基准平面。

3）注意减少操作次数，使操作简洁。

Creo 软件有强大的三维绘图功能，它的产品开发环境支持并行工作，通过一系列完全相关的模块表述产品的外形、装配及其他功能。能够让多个部门同时致力于单一的产品模型，包括对大型项目的装配体管理、功能仿真、制造和数据管理等。

软件中机械设计模块是一个高效的三维机械设计工具，它可绘制任意复杂形状的零件。实际中存在大量形状不规则的物体表面，这些称为自由曲面。由于生成曲面的方法较多，因此 Creo 可以迅速建立任何复杂曲面。

Creo 制造（CAM）模块，在机械行业中用到的制造模块中的功能是 NC Machining（数控加工）。数据管理模块就像一位保健医生，它在计算机上对产品性能进行测试仿真，找出造成产品各种故障的原因，对症下药，排除故障，保证了所有数据的安全及存取方便。

轴零件在设计时应该考虑对主体、斜面、圆弧、螺纹分别进行设计。位置尺寸应符合图 5-33，以保证可以成形。

先在磁盘根目录下建立一个名为"zhoulingjian"的目录，打开 Creo 软件进入其工作界面，在主菜单中选择"文件"→"设置工作目录"。打开"选择工作目录"对话框，选择建立好的"zhoulingjian"目录，单击"确定"，设置工作目录完毕。

进入 Creo 工作界面后，单击文件工具栏中" 🗋 "按钮或选择菜单命令"文件"→"新建"，打开图 5-34 所示的新建对话框。

在"新建"对话框的"类型"区域中单击"零件"按钮，在"子类型"中单击"实体"按钮，单击"使用默认模板"复选框去掉该复选标记，单击"确定"按钮，打开图 5-35 所示"新文件选项"对话框。

在"新文件选项"对话框中选择"mnns_part_solid"，单击"确定"按钮，进入零件设计环境。此时左侧模型树中加入一个零件名"轴零件"，如图 5-36 所示。

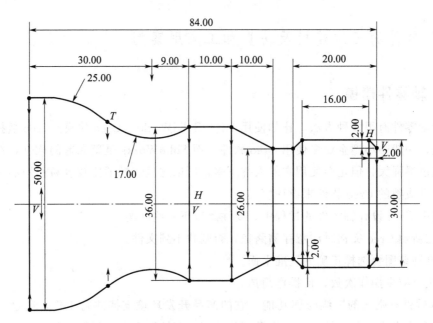

图 5 - 33　轴零件的设计

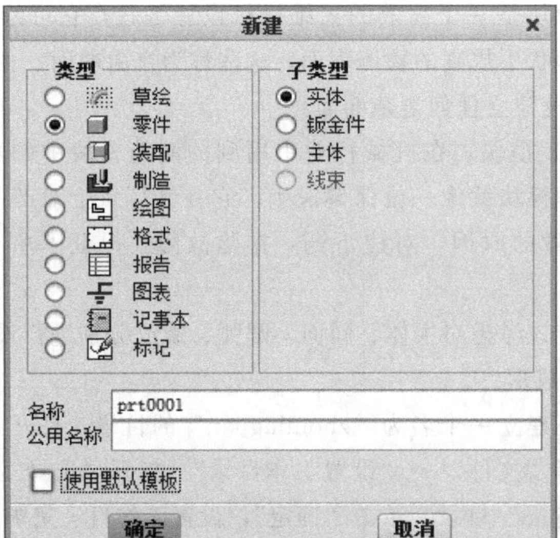

图 5 - 34　新建文件对话框

在草绘工具栏中单击""，选择 TOP 平面作为基准平面，单击"草绘"按钮进入草绘界面。首先单击"中心线"┆ 按扭，绘制出中心线，然后绘制图 5 - 37 所示的草图。

单击"✔"完成草图的绘制，单击"旋转"⬡ 按钮进入旋转指令，完成后如图 5 - 38 所示。

图 5 - 35　"新文件选项"对话框

图 5 - 36　模型树

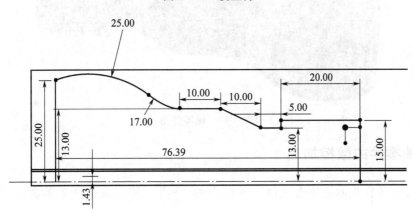

图 5 - 37　轴草图

　　单击"螺旋扫描" 🌀 **螺旋扫描** 按钮，再单击"参考定义"按钮，选择平面进入草绘，画出螺纹线，单击"确定"按钮。选择中心轴，单击"编辑扫描截面" 📝 按钮，绘画截面，单击"确定"按钮，设置螺距 1.5 mm，再单击"去除材料" 🗹 按钮，单击"确定"按钮，完成螺旋扫描，如图 5 - 39 所示。

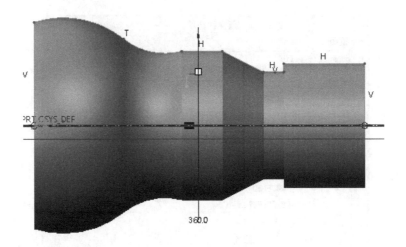

图 5-38　旋转特征

图 5-39　轴零件图

5.3.2　轴零件的数控加工

进入 Creo 工作界面后单击文件工具栏中的"　　"按钮或选择菜单命令"文件"→"新建",打开图 5-40 所示的对话框。

在"新建"对话框的"类型"区域中单击"制造"按钮,在"子类型"中选择单击"NC 装配"按钮,在"名称"文本框中输入"chexiao",单击"确定"按钮,打开图 5-41 所示"新文件选项"对话框。

在"新文件选项"对话框中选择"mmns_mfg_nc",单击"确定"按钮,进入 NC加工环境。

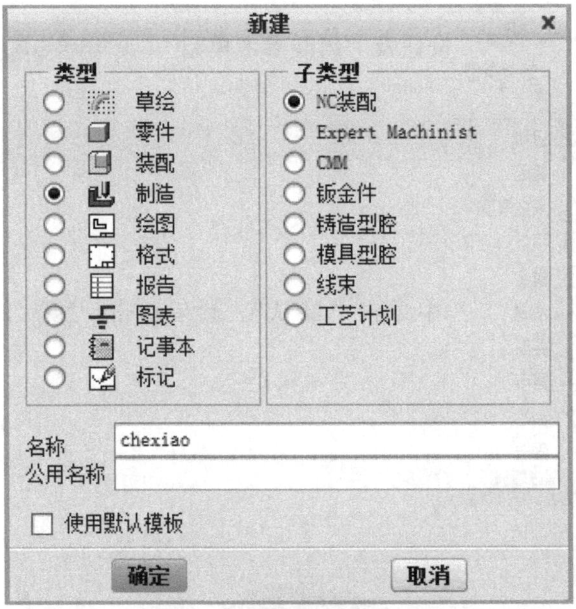

图 5-40　新建文件对话框

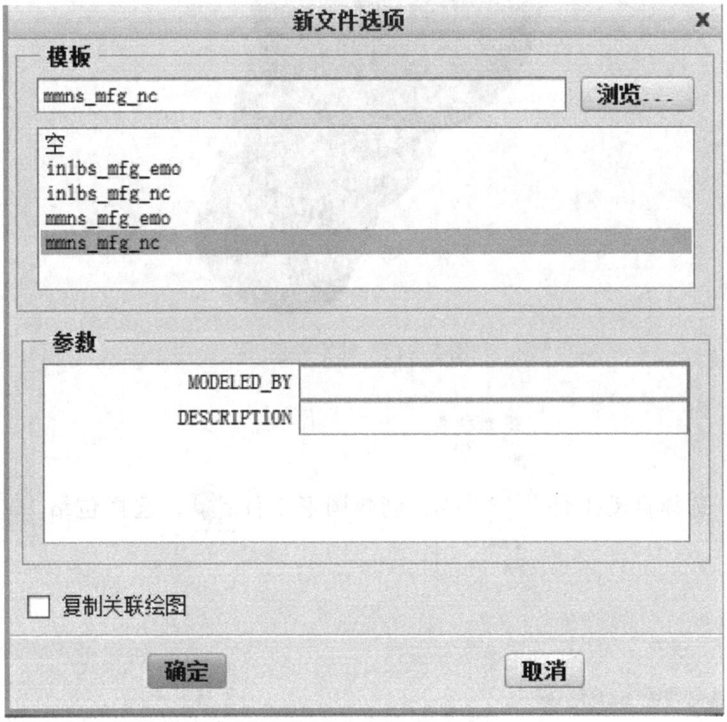

图 5-41　"新文件选项"对话框

单击"参考模型"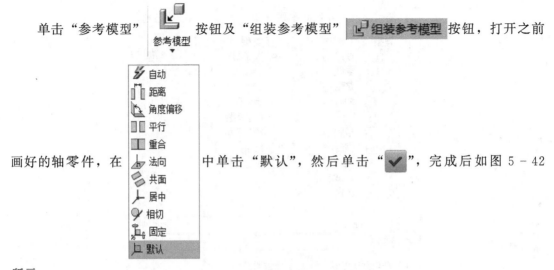按钮及"组装参考模型"按钮，打开之前

画好的轴零件，在中单击"默认"，然后单击"　"，完成后如图 5 - 42

所示。

图 5-42　轴零件图

选择工件，选择自动工件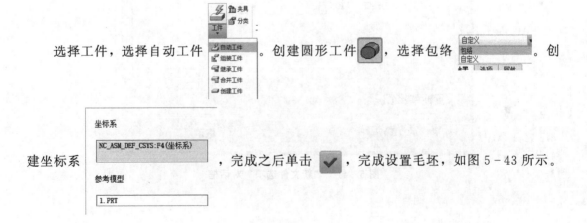。创建圆形工件，选择包络。创

建坐标系，完成之后单击　，完成设置毛坯，如图 5 - 43 所示。

图 5 - 43　工件毛坯

添加机床设置基准，单击 ⚒ 操作 选择车床，选择 3 个面设计好基准

NC_ASM_FRONT:F3(基准平面)	在其上
NC_ASM_RIGHT:F1(基准平面)	在其上
曲面:F5(拉伸_1):1	在其上

，如图 5 - 44 所示。

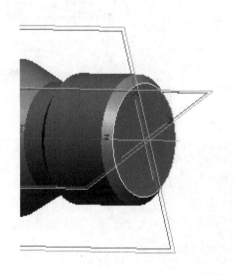

图 5 - 44　设计基准

1. 粗加工程序设定

单击"区域车削"按钮，单击"编辑刀具"按钮，如图 5 - 45 所示。设置参数如图 5 - 46 所示，选择刀具运动，选择轮廓。单击"几何"按钮，选择轮廓，单击"草绘"按钮，进入草绘，选择参考，画线、投影，单击"确定"按钮。完成区域车削，如图 5 - 47 所示。

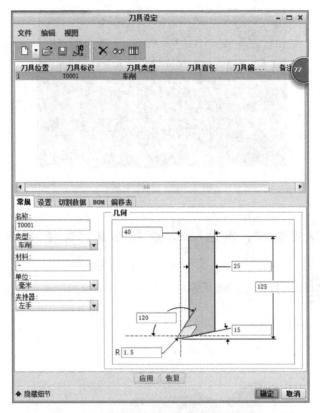

图 5 - 45　刀具设定

切削进给	200
弧形进给	–
自由进给	–
RETRACT_FEED	–
切入进给量	–
步长深度	1
公差	0.01
轮廓允许余里	0.3
粗加工允许余里	0.3
Z 向允许余里	–
终止超程	0
起始超程	0
扫描类型	类型1连接
粗加工选项	仅限粗加工
切割方向	标准
主轴速度	800
冷却液选项	关闭
刀具方位	90

图 5 - 46　设置参数

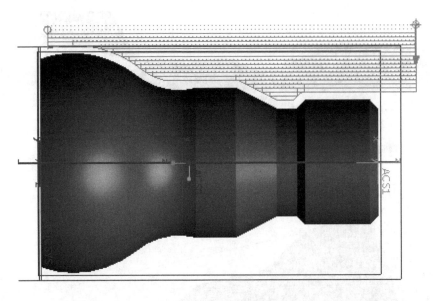

图 5 – 47　刀具运动

2. 精车轮廓设置

单击"轮廓车削" ⬛轮廓车削 按钮,再单击"编辑刀具" ⬛ 编辑刀具… 按钮编辑好

刀具。单击"设置参数"按钮,如图 5 – 48 所示。再单击"刀具运动",选择轮廓,如

图 5 – 49 所示。单击"几何" ⬛ 按钮,选择轮廓,单击"草绘" ⬛ 按钮,进入草绘 ⬛,

选择参考,画线、投影,单击"确定"按钮。完成轮廓精车,如图 5 – 50 所示。

切削进给	150
弧形进给	–
自由进给	–
RETRACT_FEED	–
切入进给量	–
步长深度	0.1
公差	0.01
轮廓允许余量	0
粗加工允许余量	0
Z 向允许余量	–
终止超程	0
起始超程	0
扫描类型	类型1连接
粗加工选项	仅限粗加工
切割方向	标准
主轴速度	1200
冷却液选项	关闭
刀具方位	90

图 5 – 48　设定参数

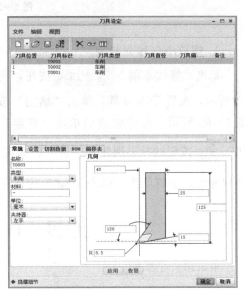

图 5 – 49　刀具设定

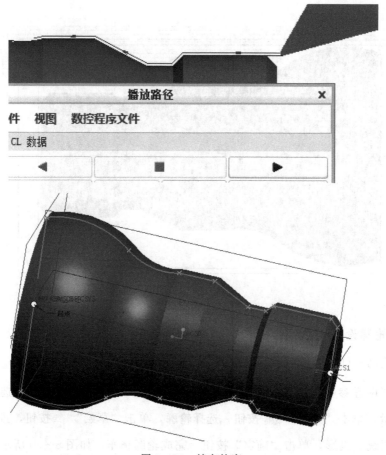

图 5-50　精车轮廓

3. 螺纹 NC 序列设定

单击"螺纹车削" ▓螺纹车削 按钮，再单击"编辑刀具" Ⅱ 编辑刀具… 按钮如图 5-51 所示，设置 T03 刀具，单击"确定"按钮。在设置参数对话框中，确定加工参数，如图 5-52 所示，设定完成后单击"确定"按钮。再单击刀具运动，选择轮廓。单击"几何" 按钮选择车削轮廓，进入轮廓定义控制面板，单击"草绘" 按钮，进入草图绘制界面，绘制草图，单击" ✔ "完成草图，如图 5-53 所示。

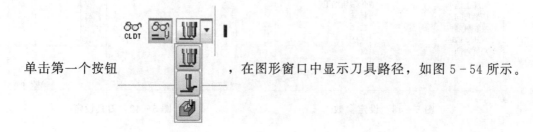

单击第一个按钮 ，在图形窗口中显示刀具路径，如图 5-54 所示。

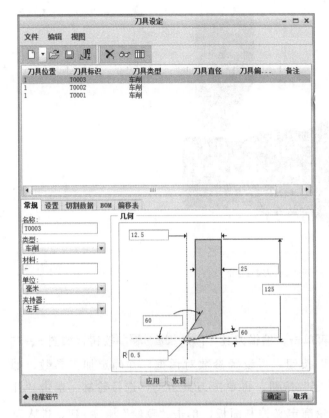

图 5-51　螺纹刀具定义

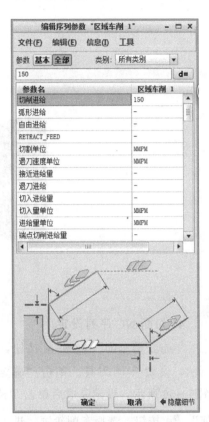

图 5-52　螺纹加工工艺参数定义

图 5-53　绘制螺旋截面

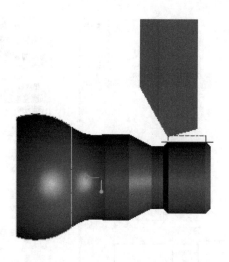

图 5 - 54　刀具路径

4. 切断 NC 序列设定

单击"槽车削" <kbd>槽车削</kbd> 按钮，再单击"编辑刀具" <kbd>编辑刀具…</kbd> 按钮，如图 5 - 55 所示，设置 T04 刀具。单击"确定"按钮，再设置参数对话框，并确定加工参数，如图 5 - 56 所示，设定完成后单击"确定"按钮。再单击刀具运动，选择轮廓。单击"几何" <kbd>几何</kbd> 按钮，选择车削轮廓，进入轮廓定义控制面板，单击"草绘" <kbd>草绘</kbd> 按钮，进入草图绘制界面，绘制草图，单击"✔"完成草图。

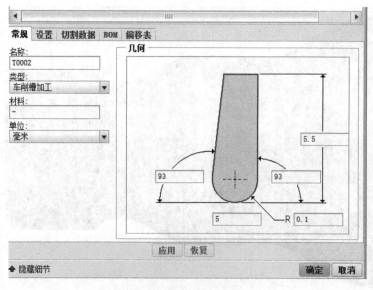

图 5 - 55　刀具设定

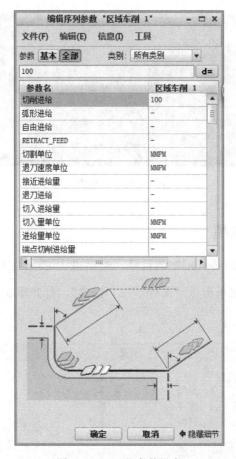

图 5-56　工艺参数设定

5. 后置处理

在右侧的菜单中选择"保存 CL 文件" 保存 CL →操作→OP010→文件，单击"CL 文件"→交互→计算机 CL→MCD 文件，单击"完成"按钮，选择机床型号，弹出保存副本对话框，输入 NC 代码文件名或直接选择确定，跟踪，选择"完成"，选择后置处理器"UNCD01.P11"，按<Enter>键完成后置处理。

5.4　凹模零件的三维建模及仿真加工应用案例

快餐盒凹模是由一个矩形块利用拉伸切除、拔模、倒圆角等指令完成的，如图 5-57 所示。凹模是由多个曲面组成的凹型型腔，型腔四周的斜平面之间采用 $R20$ mm 圆弧面过渡，斜平面和底平面采用 $R5$ mm 圆弧过渡，在凹模的底平面上有一个四周为斜平面的锥台，凹模上部型腔为锥面，用于压边，模具的顶平面上有 4 个孔，基本外形为长方体。

图 5 - 57　快餐盒

5.4.1　快餐盒零件建模

首先建立一个名为"kuaicanhe"的目录，然后进入 Creo 工作界面后单击文件工具栏中的"⬜"按钮或选择菜单命令"文件"→"新建"，打开图 5 - 58 所示的"新建"对话框。

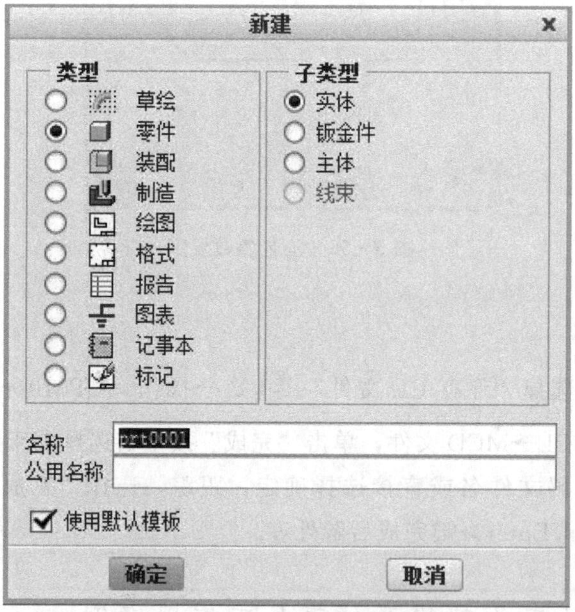

图 5 - 58　"新建"对话框

在"新建"对话框的"类型"区域中单击"零件"按钮，在"子类型"中单击"实体"按钮，在"名称"文本框中输入"prt 0001"，单击"确定"按钮，打开图 5 - 59 所示的"新文件选项"对话框。在"模板"选项区，选择"mmns_ part_ solid"，单击"确定"按钮。

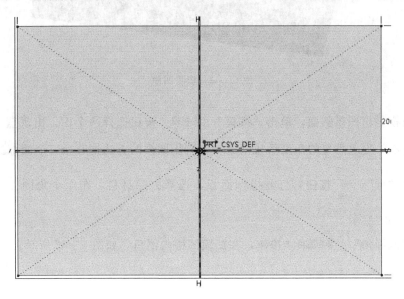

图 5-59　"新文件选项"对话框

在工具栏中单击"拉伸"　　按钮，选择 TOP 平面作为基准平面，进入草绘界面。

首先单击矩形，选择中心矩形选项，绘制出一个矩形。绘制草图如图 5-60 所示。

图 5-60　草图

单击✔完成拉伸的草图绘制，并输入拉伸的尺寸，完成拉伸结果如图 5 - 61 所示。

图 5 - 61　盒体拉伸

单击"拉伸"按钮，选择 RIGHT 平面为草绘平面，同样绘制一个中心矩形，单击✔完成草图。单击"切除"按钮，生成特征，如图 5 - 62 所示。

图 5 - 62　切除凹槽

利用拔模做出凹模斜面，单击"拔模" 🔷拔模 ▼按钮选择两个面，出现蓝色的标，如图 5 - 63 所示，更改需要的角度后拔模成功，利用同样的方法把其余三个面都拔模。

单击"拉伸" 按钮，打开操作面板，选择去除材料，在 4 个角画 4 个相等的圆孔，如图 5 - 64 所示。

单击"倒圆角" 🔷倒圆角 ▼按钮，在凹模凹槽内倒角，如图 5 - 65 所示。

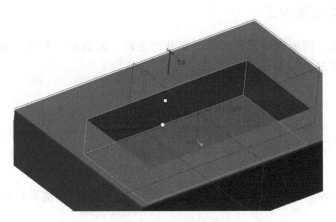

图 5-63　拔模特征

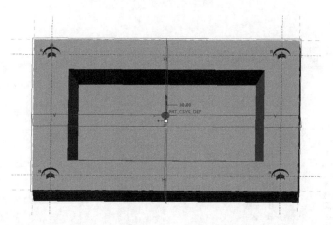

图 5-64　打孔

图 5-65　凹模倒角

5.4.2　快餐盒铣削加工

本工件需要加工的面为快餐盒凹模、零件的顶面、底面和四周孔,分为铣削曲面、精加工和钻孔 3 个步骤。

1. 添加工件

首先选择一个工作目录 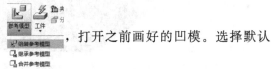,选择"新建"→"制造",选择"mmsn＿mfg＿nc"模

板,如图 5 - 66 所示,选择"组装参考模型" 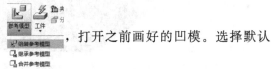,打开之前画好的凹模。选择默认

"",单击""完成,如图 5 - 67 所示。

图 5 - 66　模板选择

图 5 - 67　添加工件

2. 设置毛坯

选择工件，选择"自动工件"。创建矩形"工件"，选择"包络"

。创建坐标系，完成之后单击"✓"，完

成毛坯设置，如图 5 - 68 所示。

图 5 - 68　工件毛坯

3. 添加机床设置基准

单击"操作"选择"铣销"，选择 3 个面设计好基准

，如图 5 - 69 所示。

图 5-69 设计基准

4. 铣削凹槽

单击"铣削" 铣削 按钮，打开操作面板，单击"粗加工"→"体积块粗加工"，选择"刀具""参数""退刀曲面""体积" 4 个选项。输入参数，选择退刀面，如图 5-70 所示。

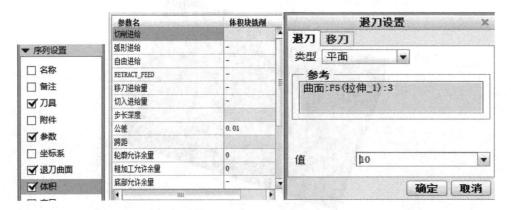

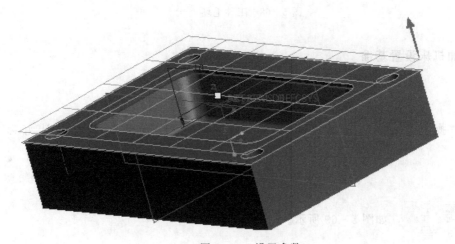

图 5-70　设置参数

单击"铣削体积块" 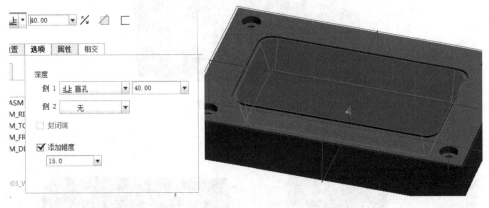铣削体积块 按钮，选择拉伸，单击"投影"按钮，投射出需要的线，单击" "选择深度，设置锥度如图 5-71 所示。选择"播放路径"→"屏幕播放"，检查能否铣削成功，完成序列。

图 5-71　铣削块

5. 轮廓精加工

单击"轮廓铣削" 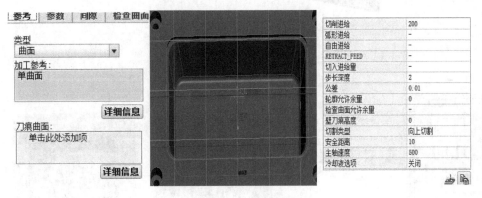轮廓铣削 按钮，选择参考面，选择刀具，输入参数如图 5-72 所示。

图 5-72　设置参数

完成内槽铣削面，如图 5-73 所示。

铣削轮廓参数设置，如图 5-74 所示。铣削底面单击"精加工"，选择"几何"→"铣削窗口"，选择底面，选择刀具，设置参数，结果如图 5-75 所示。加工孔，用"镗孔"功能，设置好孔的位置，输入参数，完成孔加工。

图 5-73 铣削内槽

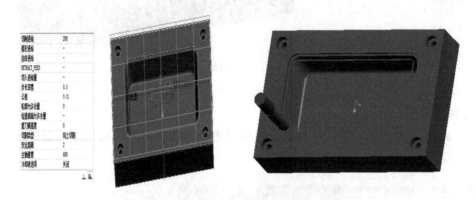

图 5-74 铣削轮廓

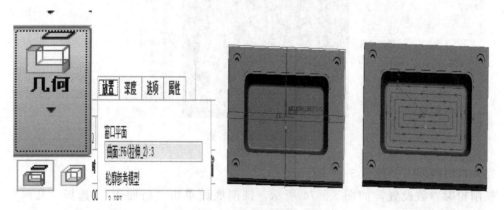

图 5-75 铣削底面

5.5　十字联轴器的三维建模及运动仿真应用案例

十字联轴器由 4 部分组装而成，在设计时应该考虑底座、十字轴、连接轴和轴套的尺寸，画出来的零件图可以正常装配和运动仿真，如图 5-76 所示。

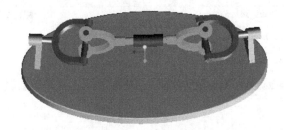

图 5-76　十字联轴器

5.5.1　十字联轴器零件建模

1. 建立底座

先在磁盘根目录下建立一个名为"十字连轴器"的目录。打开 Creo 软件进入其工作界面，在主菜单中选择"文件"→"设置工作目录"，打开"选择工作目录"对话框，选择建立好的"十字联轴器"目录，单击"确定"，设置工作目录完毕。进入 Creo 工作界面，单击文件工具栏中的"［］"按钮或选择菜单命令"文件"→"新建"，打开图 5-77 所示的"新建"对话框。

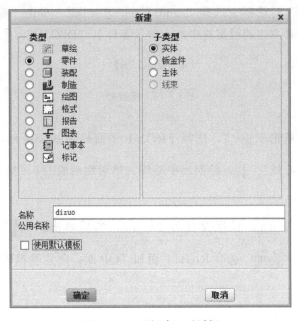

图 5-77　"新建"对话框

在"新建"对话框的"类型"区域中单击"零件"按钮，在"子类型"中单击"实体"按钮，在"名称"文本框中输入文件名"dizuo"，最后单击"使用默认模块板"复选框去掉该复选标记，单击"确定"按钮，打开图 5-78 所示"新文件选项"对话框。

图 5-78　"新文件选项"对话框

在"新文件选项"对话框中选择"mnns_part_solid"，单击"确定"按钮，进入零件设计环境。此时屏幕左边的模型树中加入一个零件名"DIZUO"，如图 5-79 所示。

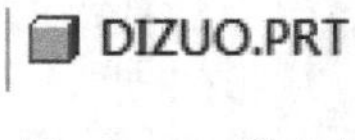

图 5-79　模型树

在草绘工具栏中单击" "，选择 FRONT 平面作为基准平面，单击进入"草绘"界面，首先单击"中心线" ，绘制出中心线，然后绘制成图 5-80 所示的草图。

单击"对称拉伸" ，长度设置为 10 mm，然后单击" "，完成拉伸特征如图 5-81 所示。单击" "选取 RIGHT 面和 TOP 面，创建基准轴 A-1，如图 5-82 所示。

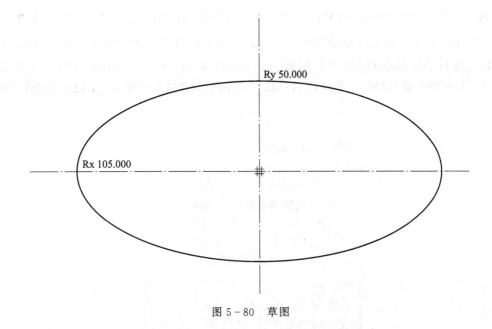

图 5 - 80　草图

图 5 - 81　拉伸特征

图 5 - 82　创建基准轴 A - 1

　　单击"▱"创建平面 DTM1,如图 5 - 83 所示。再单击"▱"以 A - 1 基准轴和
RIGHT 为基准偏移 10 mm 创建平面 DTM2,再以 DTM1 基准面为参考偏移 90 mm 创建
DTM3,以 DTM2 基准面为参考偏移 90 mm 创建平面 DTM4,以 DTM3 为法向面穿过基
准轴 A - 1 创建平面 DTM5,最后以 DTM4 为法向平面穿过基准轴 A - 1 创建平面 DTM6。

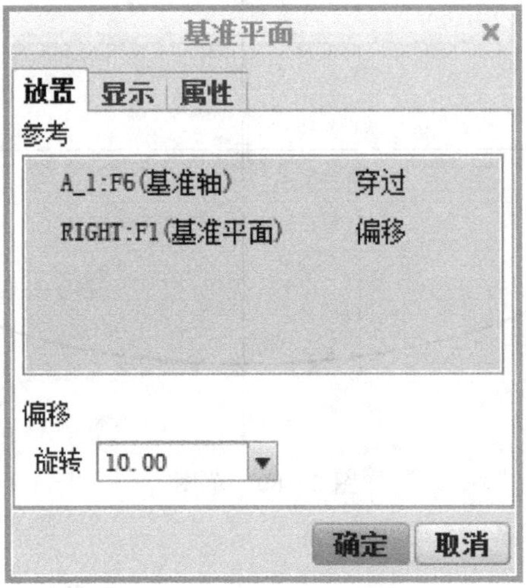

图 5 - 83　平面 DTM1

　　单击"▱"以 DTM3 平面为基准创建草图,如图 5 - 84 所示,单击"▱"厚度设
置为 5,创建拉伸实体。再单击"⫰⫰镜像"以 RIGHT 面为镜像面创建镜像实体。单击
"▱",如图 5 - 85 所示,创建平面 DTM7。

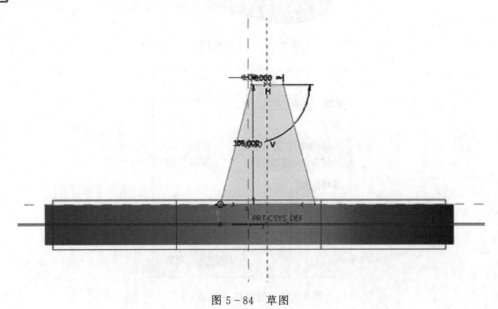

图 5 - 84　草图

图 5 - 85　平面 DTM7

创建拉伸平面，首先以 DTM7 平面为基准画草图，如图 5 - 86 所示。然后单击"⊟"厚度设置为 12，再以 RIGHT 面为基准面镜像。最后单击"▶"，生成零件如图 5 - 87 所示，然后保存。

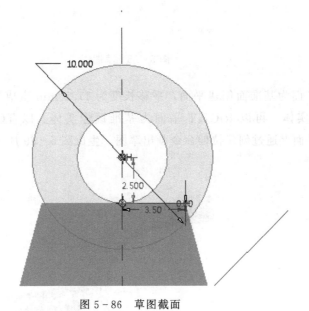

图 5 - 86　草图截面

2. 创建连接轴

新建零件图"lianjiezhou"，用拉伸命令以 FRONT 面为基准面画出草图，如图 5 - 88 所示，然后单击"⊟"，厚度设置为 6，单击"√"生成实体。

图 5-87　底座零件图

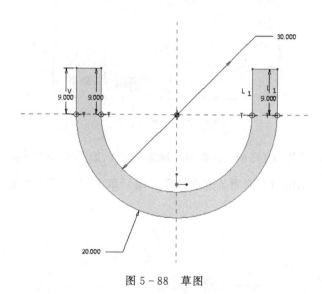

图 5-88　草图

以 RIGHT 面为基准面创建平面，平移长度为 17.5 mm 生成平面 DTM1，在此平面画出草图生成实体，再以 RIGHT 平面为基准镜像实体。以 TOP 面为基准创建平面 DTM2，在此平面上通过创建拉伸命令画出草图，生成图 5-89 所示的零件图。

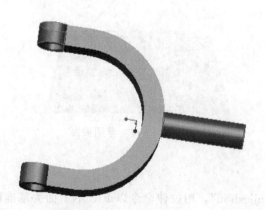

图 5-89　连接轴

3. 十字轴

新建零件图"shizizhou"，在前视基准面和右视基准面分别绘制圆形，利用两侧对称拉伸指令，得到零件图如图 5-90 所示，然后保存。

图 5-90　十字轴零件图

4. 创建轴套

新建零件图"zhoutao"，用拉伸指令，以 FRONT 面为基准面画草图，创建图 5-91 所示的零件图。

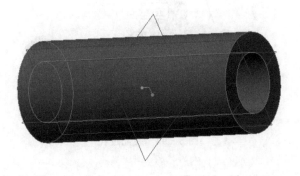

图 5-91　轴套零件图

5.5.2　十字联轴器的装配

十字联轴器由底座、连接轴、十字轴和轴套组成；十字联轴器的装配顺序应是先放入底座，使用销连接连接轴，再用销连接十字轴，最后用滑块连接轴套和十字轴。

新建"zhuangpei"模块▯，如图 5-92 所示，然后选择"mmns_asm_design"，单击"确定"。单击"组装"▯，选择"dizuo.prt"，点进去之后选择"默认"▯默认，然后单击"✔️"。单击"组装"▯，选择"shizizhou"，点进去之后选择"销"▯销 连接，按图 5-93 装配。

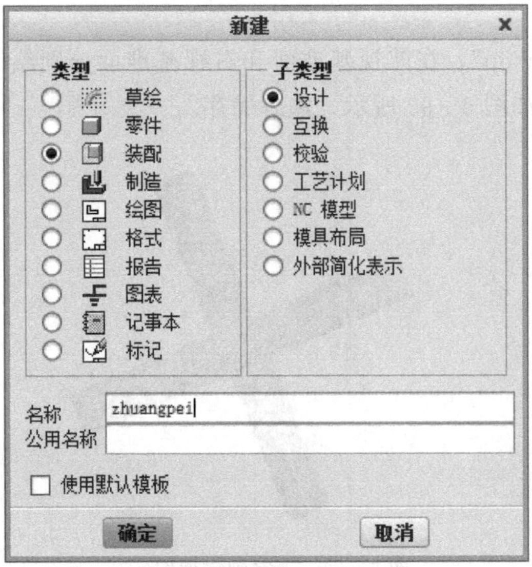

图 5-92　"新建"选项

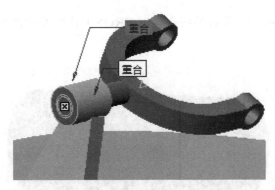

图 5-93　装配过程

　　单击"重复" ↻ 重复按钮，按图 5-94 所示设置，最后单击"确定"。添加"shizizhou"进行组装，使用销连接，然后单击重复生成装配体。添加"lianjiezhou"进行装配，使用销连接方式装配好，重复调用，生成的装配图如图 5-95 所示。

　　添加"zhoutao"进行装配，单击"滑块" ⊾ 滑块进行连接，装配完成后如图 5-96 所示。

5.5.3　十字联轴器的运动仿真

　　用装配好的十字联轴器加入伺服电动机，使其转动。在应用程序中单击" ⚙ "，进入后单击"伺服电动机" ⊅ 按图 5-97 进行设置。再单击" ⤬ "，按图 5-98 进行设置，最后单击"运行"，十字联轴器就可以转动了。

图 5 - 94　重复元件设置图

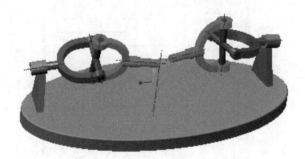

图 5 - 95　装配图

图 5 - 96　十字联轴器

图 5-97　设置电动机

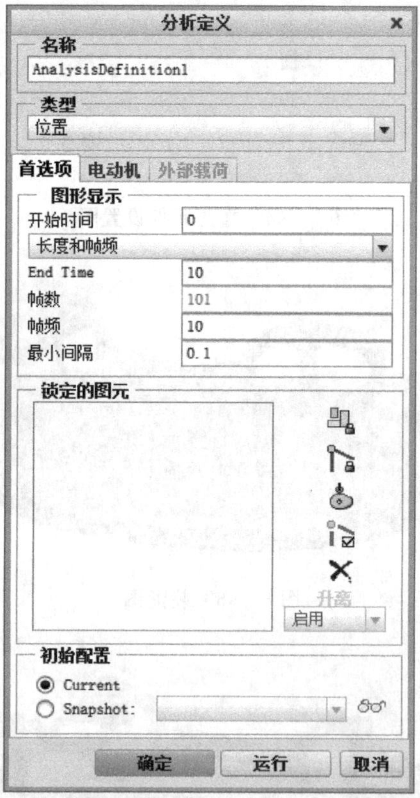

图 5-98　机构分析

单击"结果",进行运动分析,如图 5-99 所示。在测量结果里单击"▯",再按图 5-100 进行测量定义,选择坐标轴,然后确定。最后单击图 5-99 中"测量结果" ▨ 图标,生成图 5-101 所示的十字联轴器运动曲线。

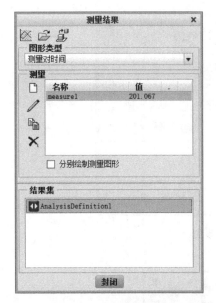

图 5-99　测量结果

图 5-100　测量定义

单击"回放",按照图 5-102 进行设置。在回放设置里单击"<>",进入动画点"捕获"界面,按照图 5-103 进行设置。最后单击"确定"按钮,生成十字联轴器的运动仿真动画。

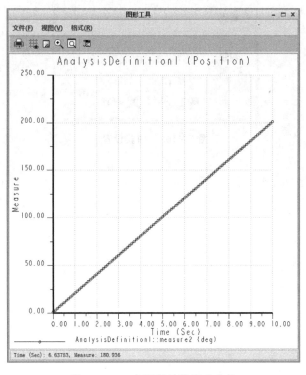

图 5-101　十字联轴器运动曲线

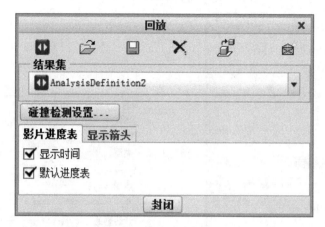

图 5 - 102　回放设置

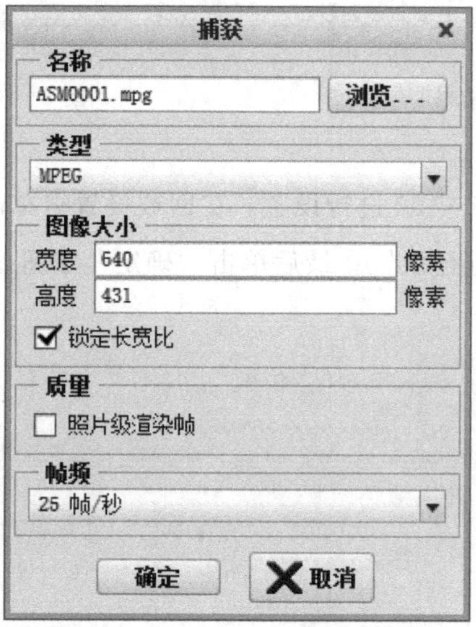

图 5 - 103　捕获设置

第6章 PowerMILL 软件在机械 CAM 技术中的应用案例

6.1 车身翼子板拉延凸模型面仿真加工应用案例

相较于市面上其他主流 CAM 软件，PowerMILL 系统凭借以下几个方面的特色闻名业界：独立运行，便于管理一些传统的 CAM 系统，基本都属于 CAD/CAM 混合化的系统结构体系，CAD 功能是 CAM 功能的基础，同时它又与 CAM 功能交叉使用。这类软件不是面向整体模型的编程形式，工艺特征需由人工提取，或需进一步经由 CAD 功能处理产生。

软件面向工艺特征，具有先进智能的特点。数控加工是以模型为结果、以工艺为核心的工程过程，应该采取面向整体模型、面向工艺特征的处理方式。而传统的 CAM 系统以面向曲面、局部加工为基本处理方式。

PowerMILL 系统实现了基于工艺知识的编程，PowerMILL 系统提供工艺信息库，信息库中包含刀具库、刀柄库、材料库、设备库等工艺信息子库，可在编程人员选择使用某一种设备、刀具和材料时，自动确认主轴转速、下切速率、进给速率、刀具步距等一系列工艺参数，从而大大提高了工序的工艺性，并利于标准化。

从车身的结构来说，传统的汽车外覆盖件一般由"四门、两盖、两翼、两侧围和顶棚以及前后保险杠"构成，即左右四车门外板、发动机舱盖板、行李舱盖板、左右两翼子板、左右整体侧围和顶棚，以及前保险杠和后保险杠构成了整车的外覆盖件。这些外覆盖件由金属薄板经冲压工艺成形，通常要经过拉延、冲孔、修边、翻边、整形等冲压工序，其中拉延是外覆盖件成形过程中最关键的一步，拉延模具的质量也就成了模具厂商关注的焦点。

目前，车身翼子板约有四种材质，分别是铝、钢材、碳纤维和玻璃纤维。一般高端车型会使用铝或钢材，顶级跑车为了减重一般会使用碳纤维和玻璃纤维。其中，碳纤维翼子板的价格比钢翼子板的价格高数十倍不等，同时铝合金翼子板虽然重量较轻，但是后期维修费用较高。

翼子板被配置在车辆的车轮上方，作为车辆侧面的外板，并由树脂成形，翼子板由外板部和加强部用树脂形成为一体，其中，外板部露出于车辆侧面，加强部沿外板的边缘部延伸，同时，沿着外板部的边缘部与所述加强部之间，形成用于配合邻接部件的配合部，图 6-1 所示为车身翼子板。

翼子板的作用是在汽车行驶过程中，防止被车轮卷起的砂石、泥浆溅到车厢的底部。因此，要求所使用的材料具有耐气候老化和良好的成形加工性。有些车的前翼子板用有一

图 6-1　车身翼子板图示

定弹性的塑性材料做成。塑性材料具有缓冲性，比较安全。桑塔纳轿车左右前轮的上方有两个翼子板，重约 1.8 kg，它是用增韧改性 PP 经注射成形而成的；重卡斯太尔王的翼子板采用 FRP 玻璃钢 SMC 材料制作；斯太尔 1491 的翼子板则采用 PU 弹性体制作。未来，用 PA/PP 合金注射成形是一种较为广泛的发展方向。

6.1.1　车身翼子板数控编程工艺分析

1. 加工要求

使用一条程序加工出翼子板的整个型面，不要分区加工，以避免接刀痕的产生。使用直线刀具路径，刀具路径不能转弯或扭曲，以避免出现加工路径转弯纹路。刀具路径最好是水平线，但又要满足行距均匀的关键条件。

加工零件正面时，要求刀轴前倾一个角度；而加工零件侧面时，要求刀轴与曲面法线方向成一个夹角，这样就能避免出现静点切削。

2. 工艺分析

翼子板凸模零件的毛坯是使用消失模铸造（又称实型铸造）的成形铸件，毛坯的外形已经具备翼子板凸模的外形轮廓，毛坯上的加工余量已经不太多。翼子板型面较为复杂，该零件的结构具有以下特点：

1）零件总体尺寸为 1 105 mm×925 mm×606 mm。零件尺寸较大，一般使用龙门式加工中心加工。

2）翼子板凸模零件由翼子板曲面、辅助曲面和结构面组成，要着重保证翼子板曲面的加工质量。

3）按照表 6-1 中所列编程工艺计算该零件正面模型型面部分的加工刀具路径。

表 6 - 1　型面数控加工工艺表

工步号	工步名称	加工部位	进给方式	刀具	加工方式	编程参数		
						公差/mm	余量/mm	转速/(r/min)
1	二次粗加工	凸模正面	拐角区域清除	d32r5	三轴	0.1	0.7	1 200
2	粗加清角	凸模正面	笔式清角精加工	d25r12.5	三轴	0.05	0.2	2 500
3	粗加清角	凸模正面	笔式清角精加工	d20r10	三轴	0.05	0.2	3 000
4	粗加清角	凸模正面	笔式清角精加工	d12r6	三轴	0.05	0.2	3 500
5	半精加工	型面	平行精加工	d25r12.5	三轴	0.05	0.2	4 000
6	精加工	型面	直线投影精加工	d25r12.5	五轴联动	0.01	0	6 000

表 6 - 2 列出了翼子板拉延凸模五轴数控加工编程所用到的刀具，该表中所用到的刀具均为球头端铣刀，刀具名称命名方式是切削刃直径加半径。

表 6 - 2　翼子板拉延凸模五轴数控加工编程所用到的刀具

刀具编号	2	3	4	5	6
刀具类型	球头端铣刀	球头端铣刀	球头端铣刀	球头端铣刀	球头端铣刀
刀具名称	d25r12.5	d20r10	d12r6	d6r3	d200r100
切削刃直径	25	20	12	6	200
切削刃长度	30	25	25	20	300
刀柄直径	25	20	12	6	
刀柄长度	90	80	70	70	注：这是一把虚
夹持直径（顶/底）	85	85	85	85	拟刀具，用来作为粗清角的参考刀具，只需给刀具直径，其余参数用系统默认值即可
夹持长度	100	100	100	100	
伸出夹持长度	80	80	80	80	

6.1.2　车身翼子板仿真加工过程

创建毛坯，在 PowerMILL"开始"功能区中，单击"创建毛坯"按钮，打开"毛坯"对话框，勾选"显示"选项，然后单击"计算"按钮，创建车身翼子板毛坯。

创建粗加工刀具，在 PowerMILL 资源管理器中，右击"刀具"树枝，在弹出的快捷菜单条中单击"创建刀具"→"刀尖圆角端铣刀"，打开"刀尖圆角端铣刀"对话框，按照加工所用刀具图表创建刀具，如图 6 - 2 所示为所用刀具名称。

设置快进高度，在 PowerMILL"开始"功能区中，单击"刀具路径连接"按钮，打开"刀具路径连接"对话框，在"安全区域"选项卡中，设置快进高度参数，设置完参数后不要关闭对话框。

确认加工开始点和结束点，在"刀具路径连接"对话框中，切换到"开始点和结束点"选项卡，确认开始点和结束点。开始点选择"毛坯中心安全高度"，结束点选择"最后一点安全高度"，单击"接受"按钮，关闭对话框。

图 6-2　所用刀具名称

　　创建边界，在 PowerMILL 资源管理器中，右击"边界"树枝，在弹出的快捷菜单条中单击"创建边界"→"用户定义"。打开"用户定义边界"对话框，单击该对话框中的"绘制"按钮，打开"曲线编辑器"工具栏，进入勾画边界的系统环境中。在查看工具栏中，单击"从上查看（Z）"按钮，将模型摆平。

　　在"曲线编辑器"工具栏中，单击"连续直线"按钮，在绘图区中绘制边界，绘制的边界线大致沿着圆角面分布，以包容住待加工的曲面为原则。

　　单击"曲线编辑器"工具栏中的"接受"按钮，单击"用户定义边界"对话框中的"接受"按钮，完成边界的创建。

　　计算二次粗加工刀具路径，在 PowerMILL "开始"功能区的"创建刀具路径"工具栏中，单击"刀具路径"按钮，打开"策略选取器"对话框。单击"3D 区域清除"选项，调出"3D 区域清除"选项卡，在该选项卡中选择"拐角区域清除"，单击"确定"按钮，打开"拐角区域清除"对话框，进行设置。拐角区域清除使用刀具"d32r5"，拐角探测使用"d200r100"刀具。主轴转速设为 1 200 转/分钟，切削进给率设为 900 毫米/分，下切进给率设为 200 毫米/分，掠过进给率设为 3 000 毫米/分。

　　刀具路径碰撞检查，在 PowerMILL 资源管理器中，双击"刀具路径"树枝，将它展开。右击刀具路径"2c-d32r5"，在弹出的快捷菜单条中单击"检查"→"刀具路径"，打开"刀具路径检查"对话框，对刀具路径进行检查。

　　设置完参数后，单击"应用"按钮，系统即进行碰撞检查。检查完成后，弹出 PowerMILL 信息对话框，提示"找不到碰撞"，单击"确定"→"接受"按钮，关闭"刀具路径检查"对话框。

　　计算三次的粗清角刀具路径，在 PowerMILL "开始"功能区的"创建刀具路径"工具栏中，单击"刀具路径"按钮，打开"策略选取器"对话框。单击"精加工"选项，调出"精加工"选项卡，在该选项卡中选择"笔式清角精加工"，单击"确定"按钮，打开"笔式清角精加工"对话框，进行参数设置。

在"笔式清角精加工"对话框策略树中单击"刀具"树枝，调出"球头刀"选项卡，第一次粗清角精加工使用球头刀"d25r12.5"刀具。"刀具路径名称"命名为"qj1 - d25r12.5"，主轴转速设为 2 500 转/分钟，切削进给率设为 1 500 毫米/分，下切进给率设为 300 毫米/分，掠过进给率设为 3 000 毫米/分，图 6 - 3 所示为 qj1 - d25r12.5 刀具路径进给和转速。

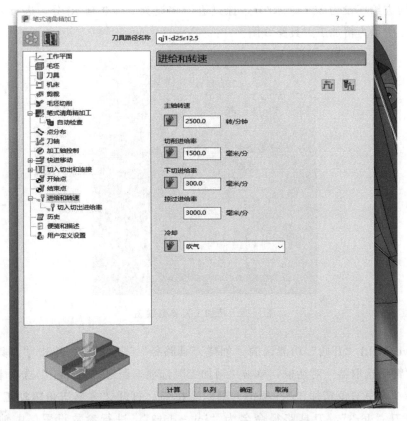

图 6 - 3　qj1 - d25r12.5 刀具路径进给和转速

设置第二次粗清角精加工刀具路径，单击第一次的粗清角加工中"笔式清角精加工"对话框左上角的复制刀具路径按钮。系统即基于刀具路径"qj1 - d25r12.5"复制出一条新的刀具路径，选用球头刀"d20r10"，并将其命名为"qj2 - d20r10"。

设置第三次粗清角精加工刀具路径，对第二次的粗清角精加工进行复制，选用球头刀 d12r6，并将其命名为"qj3 - d12r6"。

设置完三次粗清角精加工刀具路径，单击"笔式清角精加工"对话框中的"计算"按钮，计算出刀具路径。

计算型面半精加工刀具路径，打开刀具路径策略界面，选择精加工调出精加工选项卡，在选项卡里面选择"平行精加工"。型面半精加工选用球头铣刀"d25r12.5"，并且刀具路径命名为"bjjg - d25r12.5"。主轴转速设为 4 000 转/分钟，切削进给率设为 2 000 毫米/分，掠过进给率设为 3 000 毫米/分。

计算型面精加工刀具路径，在"开始"功能区的"创建刀具路径"工具栏中，单击"刀具路径"按钮，打开"策略选取器"对话框，单击"精加工"选项，调出"精加工"选项卡。在该选项卡中选择"直线投影精加工"，单击"确定"按钮，打开"直线投影精加工"对话框，进行参数设置。使用球头铣刀"d25r12.5"刀具，并将刀具路径命名为"jjg‐d25r12.5"，进行参数设置。主轴转速设为 6 000 转/分钟，切削进给率设为 3 000 毫米/分，下切进给率设为 500 毫米/分，掠过进给率设为 3 000 毫米/分，进行刀具路径计算，图 6‐4 所示为精加工刀具路线图。

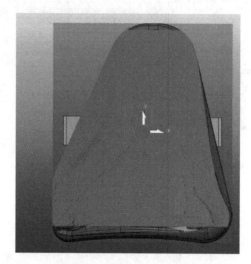

图 6‐4　精加工刀具路线图

在 PowerMILL"开始"功能区的"创建刀具路径"工具栏中，单击"刀具路径"按钮，打开"策略选取器"对话框，单击"精加工"选项，调出"精加工"选项卡。在该选项卡中选择"多笔清角精加工"，单击"确定"按钮。打开"多笔清角精加工"对话框，选用球头铣刀"d6r3"，刀具路径命名为"jqj‐d6r3"，进行参数设置。主轴转速设为 6 000 转/分钟，切削进给率设为 2 000 毫米/分，下切进给率设为 500 毫米/分，掠过进给率设为 3 000 毫米/分，进行刀具路径计算，图 6‐5 所示为精加工清角刀具路径图。

凸模有效型面加工刀具路径质量的具体要求，主要为避免出现静点切削、刀具路径扭曲、接刀痕以及型面尺寸不准确，着重考虑凸模有效型面部分，即翼子板型面的加工刀具路径。在传统编程工艺中，一般将型面分成若干个区域，然后用三维偏置精加工策略来计算刀具路径，这种方式会出现接刀痕等问题。为了提高刀具路径质量，采用一种新的加工策略——直线投影精加工，其配合朝向点刀轴控制选项来加工有效型面部分的五轴联动加工刀具路径。

PowerMILL 是一款独立运行的 CAM 系统，它是 2‐5 轴加工软件产品。它的优势集中体现在复杂形状零件的加工方面，广泛应用于工模具加工、汽车模具行业以及航空零部件制造业。

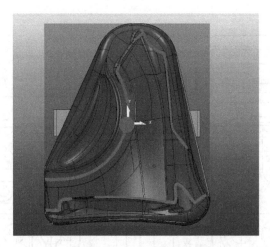

图 6-5　精加工清角刀具路径图

6.2　岛屿零件工艺分析及仿真加工应用案例

6.2.1　图样分析

如图 6-6 所示，该零件为采用加工中心加工的零件，主要是正、反轮廓综合加工，包括岛屿、不通孔、通孔和壁槽等特征，而且凸台的轮廓由直线和圆弧构成，属于综合型加工的零件。

图 6-6 中有大部分尺寸精度为中等以上公差等级要求，并且需要保证零件的总高度要求。无几何公差要求，表面粗糙度值均为 $Ra1.6\ \mu m$，确保装夹和定位精度基本能保证尺寸精度。

图样尺寸标注完整，组成轮廓的各几何元素关系清楚，条件充分。所需要的基点坐标大部分已给出，另外两点也容易求得。零件材料为 45 钢，无热处理和硬度要求，加工后需去除毛刺。

6.2.2　工艺设计

1. 确定加工方法

夹持毛坯，伸出高度约为 30 mm。型腔采用铣削加工，对其表面粗糙度值的要求为 $Ra1.6\ \mu m$，故采用粗铣→精铣的方案；对于 $\phi12$ mm、两个 $\phi10$ mm 的通孔，由于其表面粗糙度要求不高，同时为节约加工周期，故采用直接钻削的加工方案；$\phi32$ mm 的孔，精度较高，直径较大，采用先钻孔后铰孔的加工方案，以便保证加工精度。$\phi20$ mm 通孔使用钻削加工即可。

工件翻面，伸出高度 34.5 mm。采用由大及小的加工顺序加工外轮廓及型腔，同样采用先粗后精的方法加工，以便达到要求的表面粗糙度及尺寸精度，对于 4×M6 的螺孔，

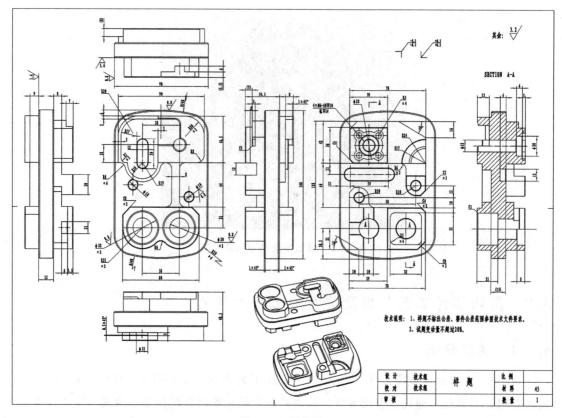

图 6-6　零件图

选用机床钻削底孔、螺纹导向，手工攻螺纹（因为机床攻螺纹容易造成丝锥折断，加工轮廓少，手工更加节省时间）。

2. 确定加工顺序

确定加工顺序及进给路线顺序，实际上也是加工程序的执行顺序，同时，也是刀具运动的轨迹。合理地选择进给路线不但可以提高切削效率，还可以提高零件的表面精度。

在工序划分过程中主要遵循的原则有以下几点：

1）基面先行、先粗后精、先主后次、先面后孔的原则。

2）从简单到复杂的原则。

3）先加工平面、沟槽、孔，再加工内腔、外形，最后加工曲面的原则。

根据这些原则，确定该工件的加工顺序如下：

1）ϕ20 mm 立铣刀粗铣正面外轮廓。

2）ϕ10 mm 立铣刀精加工正面外轮廓。

3）ϕ6 mm 立铣刀铣削左侧不规则岛屿（精度不高，直接精铣）。

4）ϕ12 mm 钻头钻削 ϕ32 mm 底孔，左侧单个 ϕ12 mm 通孔。

5）ϕ20 mm 钻头钻削 ϕ32 mm 扩孔。

6）ϕ32 mm 键槽铣刀加工。

7）φ5 mm 钻头加工不通孔。

8）φ20 mm 铣刀粗铣背面外轮廓。

9）φ10 mm 铣刀清根（φ20 mm 太大，切不到的地方）。

10）φ20 mm 铣刀精铣背面外轮廓。

11）φ10 mm 清根（外轮廓小直径圆角）。

12）φ6 mm 铣刀粗铣圆弧槽。

13）φ8 mm 立铣刀平倒角加工。

14）φ6 mm 铣刀精加工圆弧槽。

15）φ6 mm 铣刀粗铣十字槽。

16）φ6 mm 铣刀精铣十字槽。

17）φ8 mm 铣刀粗铣 φ28 mm、φ20 mm 圆槽。

18）φ8 mm 铣刀精铣 φ28 mm、φ20 mm 圆槽。

19）φ12 mm 铣刀粗铣 32 mm×32 mm 方槽。

20）φ8 mm 铣刀精铣 32 mm×32 mm 方槽。

21）φ10 mm 铣刀精铣 12 mm×51 mm 槽。

3. 选择加工设备

由于零件结构并不复杂，故选择立式加工中心。加工表面不多，只有粗铣、精铣、钻及攻螺纹等工步。选用国产 BV75 型立式加工中心，如图 6-7 所示。该加工中心基本配置为 X、Y、Z 三轴联动，机床上附有盘式刀库或机械手式刀库。工件一次装夹后可自动连续地对工件各加工面完成铣、镗、铰、钻和攻螺纹等多种工序，不仅能完成半精加工和精加工，还可进行粗加工，适用于小型板类、盘类、模具类和箱体类等复杂零件的多品种、小批量的加工。

图 6-7　国产 BV75 型立式加工中心

4. 装夹方案

为了不影响进给路线和切削加工，在装夹工件时，一定要将加工部分敞开，最好是留出足够的加工余量，避免撞刀。选择夹具时，应尽量做到一次装夹后，就将零件需要加工的表面特征全部加工出来，避免重复装夹、定位，造成加工精度的降低。

考虑到零件的长、宽、高最大尺寸分别为 148 mm、98 mm、48.5 mm，所以选择毛坯为 150 mm×100 mm×50 mm 的立方体。零件加工时，限制工件的 5 个自由度即可。夹具采用的是液压自动夹紧，而且其夹紧力为 3 000 N。

工件毛坯预先在铣床上加工好 2 个底面和 4 个侧面。然后，选择其中一个底面和一对平行侧面作为定位基准，两侧面也作为装夹面。把毛坯在机用平口虎钳上夹紧，再把平口虎钳固定在机床工作台上。然后，通过找正，安装后的工件侧面直边应与机床 Z 轴平行，最大偏移量不超过 0.02 mm，同时，毛坯顶面也应与工作台面保持平行，误差也不得超过 0.02 mm。最后，通过对刀将加工坐标系零点建立在工件的上表面中心位置上。调头后，夹持长方体的一对边表面，铣削底平面，保证总高度。两次均可使用机用平口虎钳装夹，方便快捷。

5. 加工刀具选择

选择工件上表面的中心作为工件坐标系的原点，如图 6-8 所示。

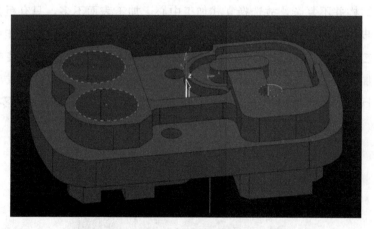

图 6-8　零件坐标系

加工中心对刀具的要求如下：

1) 良好的切削性能：承受高速切削和强力切削，并且性能稳定。

2) 较高的精度：刀具的精度指刀具的形状精度和刀具与装夹装置的位置精度。

3) 配备完善的工具系统：满足多刀连续加工要求。

4) 加工中心上所采用的刀具根据被加工零件的材料、几何形状、表面质量要求、热处理状态、切削性能及加工余量等，选择刚性好、耐用度高的刀具。本次加工所用的刀具主要有平底立铣刀、键槽铣刀、钻头、丝锥和倒角刀等。数控加工刀具卡片见表 6-3。

表 6 - 3 数控加工刀具卡片

产品名称或代号		加工中心工艺分析设计		零件名称	盘类零件	零件图号	
序号	刀具号	刀具规格名称	数量	加工表面		刀具半径/mm	备注
1	01	φ20 mm 立铣刀	1	外轮廓粗		20	
2	02	φ20 mm 立铣刀	1	外轮廓精		20	
3	03	φ6 mm 立铣刀	1	岛屿粗		6	
4	04	φ6 mm 立铣刀	1	岛屿精		6	
5	05	φ10 mm 钻头	1	钻两个通孔		10	
6	06	φ12 mm 钻头	1	钻底孔		12	
7	07	φ20 mm 钻头	1	钻扩孔		20	
8	08	φ32 mm 键槽铣刀	1	铣 2×φ32 mm 孔		32	
9	09	φ8 mm 立铣刀	1	粗铣岛屿直槽		8	
10	10	φ8 mm 立铣刀	1	精铣岛屿直槽、方槽		8	
11	11	φ10 mm 立铣刀	1	粗铣 32 mm×32 mm 方槽		10	
12	12	φ10 mm 立铣刀	1	岛屿清根		10	
13	13	φ10 mm 倒角刀	1	倒角		10	
14	14	φ5 mm 钻头	1	钻削不通孔		5	
编制		审核		批准		共 1 页	第 1 页

6. 切削用量

(1) 切削速度

铣削加工的切削速度可参考表 6 - 4 选取。铣刀每齿进给量见表 6 - 5。

表 6 - 4 切削速度

工件材料	硬度（HBW）	V_c/(m/min)	
		高速钢铣刀	硬质合金铣刀
钢	<225	18～42	66～150
	225～325	12～36	54～120
	325～425	6～21	36～75

表 6 - 5 铣刀每齿进给量

工件材料	每齿进给量 f_z/(mm/z)			
	粗铣		精铣	
	高速钢铣刀	硬质合金铣刀	高速钢铣刀	硬质合金铣刀
钢	0.10～0.15	0.10～0.25	0.02～0.05	0.10～0.15
铸铁	0.12～0.20	0.15～0.30		

（2）背吃刀量

背吃刀量或侧吃刀量的选取主要由加工余量和对表面质量的要求决定。当工件表面粗糙度值要求为 Ra（1.6～3.2）μm 时，应分为粗铣和精铣两步进行。粗加工时背吃刀量取 5～10 mm；精铣时，圆周铣侧吃刀量取 0.3～0.5 mm，面铣刀背吃刀量取 0.5～1 mm。

（3）切削用量的选择

按照项目要求，并结合上述内容，选取粗加工时的主轴转速 $n=500\sim600$ r/min，进给速度 $V_f=80\sim100$ mm/min，背吃刀量 $a_p=5\sim10$ mm；精加工时，选取主轴转速 $n=900\sim1\,200$ r/min，进给速度 $V_f=50\sim80$ mm/min，背吃刀量 $a_p=0.2\sim0.5$ mm。主轴转速及进给速度的改变可通过操作面板上的"倍率"按钮来调整。

6.2.3　加工仿真

根据零件的结构特点，按所用的刀具来划分工序，即在一次装夹中，用同一把刀具加工出可能加工的所有的部位，然后再换另一把刀具加工其他的部位。这样既可以减少换刀时间，又可以压缩空程时间，减少不必要的定位误差。在一个工序内的工步，按全部加工面先粗加工后精加工来划分工步。数控加工工序卡片见表 6-6。

表 6-6　数控加工工序卡片

单位名称		产品名称或代号	零件名称	材料	零件图号
			盘类	45 钢	
工序号		夹具名称	夹具编号	使用设备	车间
		机用平口虎钳		BV75	
工步号	工步内容	刀具号	刀具规格	主轴转速/（r/min）	进给速度/（mm/min）	背吃刀量/(mm)	备注
1	粗铣正面外轮廓及岛屿轮廓	T1	$\phi20$mm立铣刀	600	100	10	
2	粗铣 4mm 深岛屿	T3	$\phi6$ mm立铣刀	600	100	3	
3	精铣正面外轮廓及岛屿轮廓	T2	$\phi20$ mm立铣刀	1 200	50	10	余量 0.1 mm
4	精铣 4 mm 深岛屿	T4	$\phi6$ mm立铣刀	1 200	50	3	余量 0.1 mm
5	$\phi12$ mm 钻头钻削3 个通孔	T6	$\phi12$mm 钻头	400	100		啄孔 5 mm
6	两个 $\phi32$ mm 不通孔用 $\phi20$ mm钻头扩孔	T7	$\phi20$mm 钻头	350	100		啄孔 5 mm
7	$\phi32$ mm 键槽铣刀铣削两个不通孔	T8	$\phi32$ mm键槽铣刀	500	100		直线下切

续表

工步号	工步内容	刀具号	刀具规格	主轴转速/ (r/min)	进给量/ (mm/min)	背吃刀 量/(mm)	备注
8	ϕ10 mm 钻头钻削 两个 ϕ10 mm 通孔	T5	ϕ10mm 钻头	600	100		啄孔 5mm
9	粗铣反面岛屿轮廓	T1	ϕ20 mm 立铣刀	500	100		
10	岛屿清根	T11	ϕ10 mm 立铣刀	600	100		
11	精铣反面岛屿轮廓	T2	ϕ20 mm 立铣刀	1 200	50		余量 0.1mm
12	岛屿清根	T12	ϕ10 mm 立铣刀	1 200	100		
13	粗铣 32 mm×32 mm 方槽	T11	ϕ10 mm 立铣刀	800	100		
14	精铣 32 mm×32 mm 方槽	T10	ϕ8 mm 立铣刀	1 200	50		
15	粗铣 ϕ28 mm 圆槽	T9	ϕ8 mm 立铣刀	800	100		
16	精铣 ϕ28 mm 圆槽	T10	ϕ8 mm 立铣刀	1 200	50		
17	粗铣宽 7 mm 圆弧槽	T3	ϕ6 mm 立铣刀	800	100		
18	精铣宽 7 mm 圆弧槽	T4	ϕ6 mm 立铣刀	1 200	50		
19	粗铣宽 10 mm、 12 mm 直槽	T3	ϕ6 mm 立铣刀	800	100		
20	精铣宽 10 mm、 12 mm 直槽	T4	ϕ6 mm 立铣刀	1 200	50		
21	粗铣 50 mm×12 mm 直槽	T11	ϕ10 mm 立铣刀	800	100		
22	精铣 50 mm×12 mm 直槽	T12	ϕ10 mm 立铣刀	1 200	50		
23	7 mm 圆弧槽倒角	T13	ϕ10 mm 倒角刀	400	40		
24	钻削 4×M6 螺纹底	T14	ϕ5 mm 钻头	600	50		

1. 正面粗加工成形图

$\phi20$ mm 铣刀使用"模型区域清除"加工正面岛屿及工件外轮廓粗加工时切削量大，表面较粗糙，采用背吃刀量为 5~10 mm，采用大的切削刀具半径，以便加快切削速度，保证加工效率，仿真界面如图 6-9 所示。

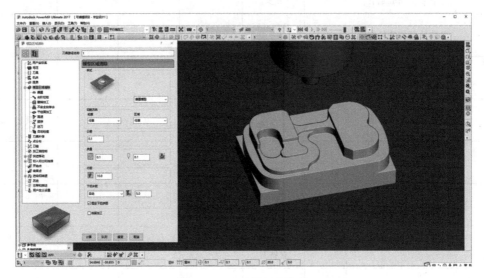

图 6-9　正面粗加工仿真

2. 正面岛屿粗加工成形图

$\phi10$ mm 铣刀使用平行加工，对深 4 mm 的不规则槽进行粗加工，可以提高效率。由于槽内边角圆弧半径过小，所以精加工时选用 $\phi6$ mm 的立铣刀，刀具参数设置如图 6-10 所示。

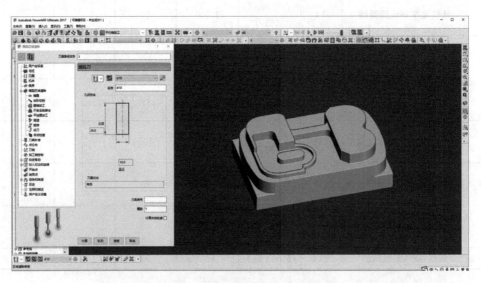

图 6-10　正面岛屿粗加工参数设置

3. 正面轮廓半粗加工成形图

利用先面后孔的原则，加工完表面轮廓以后，再加工 $2 \times \phi 10$ mm、$2 \times \phi 20$ mm 通孔，$2 \times \phi 32$ mm 沉孔。由于 $\phi 12$ mm 通孔不完整，为了保证孔加工同轴度，选用 $\phi 12$ mm 键槽铣刀加工，刀具参数设置如图 6-11 所示。

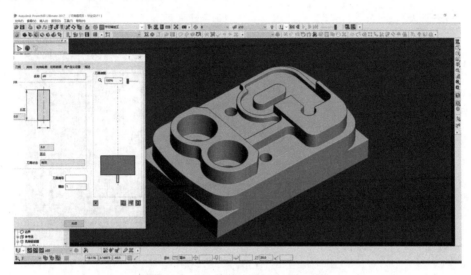

图 6-11 正面轮廓半粗加工参数设置

4. 正面轮廓精加工成形图

由于外轮廓精加工面积较大，所以选用 $\phi 20$ mm 立铣刀并提高转速，放慢进给量，加大背吃刀量，以便达到加工要求。岛屿精加工选用 $\phi 6$ mm 立铣刀，可以加工较小的岛屿根部。不通孔和通孔由于要求低，分别选用 $\phi 12$ mm、$\phi 20$ mm、$\phi 32$ mm 钻头进行钻削底孔、扩孔、成形三步，仿真界面如图 6-12 所示。

图 6-12 正面轮廓精加工仿真

5. 反面岛屿粗加工成形图

同正面粗加工，选用 $\phi 20$ mm 立铣刀，由于岛屿加工轮廓复杂，用模型区域清除可以加工多层次复杂岛屿，提高加工效率。切削参数的选用可根据正面粗加工时刀具的磨损程度进行修改，加工路径设置如图 6-13 所示。

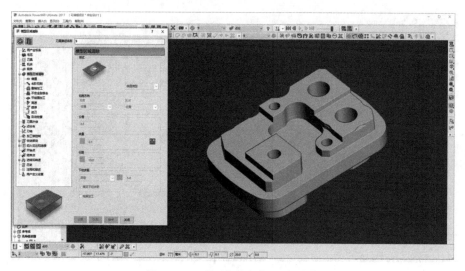

图 6-13　反面岛屿粗加工成形图

6. 背面精加工成形图

背面岛屿多，使用刀具也较多，所以在加工过程中尽量选用相同刀具，在保证效率的同时，减少换刀和对刀的时间。在切削参数上因岛屿轮廓较小，限制了刀具直径，主轴转速在 800～1 200 r/min，走刀速度在 80～300 min/mm，背吃刀量为 2～4 mm，刀具侧吃刀量为刀具半径，减少断刀的可能，仿真界面如图 6-14 所示。

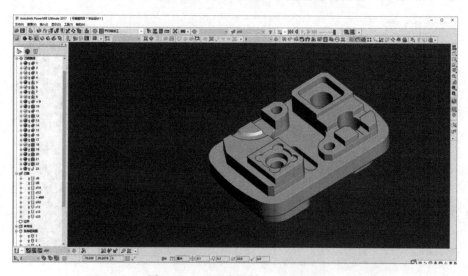

图 6-14　反面岛屿精加工成形图

6.3　型腔零件建模及仿真加工应用案例

6.3.1　零件的图样分析及建模

在机械零件设计中，各种型腔连接块在机械中不可缺少，本次使用 SolidWorks 对二维图样进行三维设计建模，如图 6-15 所示。PowerMILL 是一款功能强大、加工策略丰富的数控加工编程软件系统。能够提供完善的加工策略，快速产生粗、精加工路径，对 2-5 轴的数控加工进行完整的干涉检查与排除，具有集成的加工实体仿真功能。它可以接收其他软件产生的曲面，如 IGES 文件、STEP 文件等，也可以是来自 PowerShape 的模型（实体或曲面）或者 UG、Creo 等产生的 PART 模型。

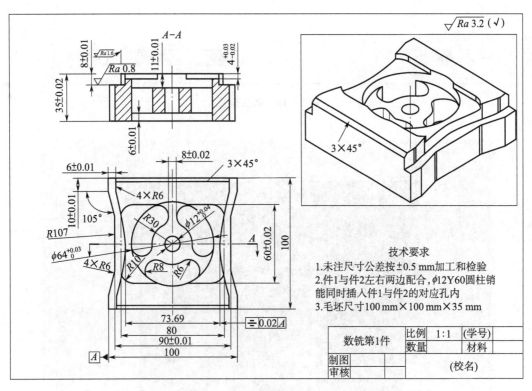

图 6-15　零件图

进入 SolidWorks 工作界面，单击工具栏中的"文件"按钮，然后单击"新建"，如图 6-16 所示，单击"零件"，然后单击"确定"。

进入草绘界面，进行草图绘制，草图如图 6-17 所示。执行拉伸命令，完成实体特征如图 6-18 所示。

在拉伸实体特征上绘制草图，完成草图，并拉伸，如图 6-19 所示。在台阶面绘制草图，进行拉伸切除，完成零件图如图 6-20 所示。

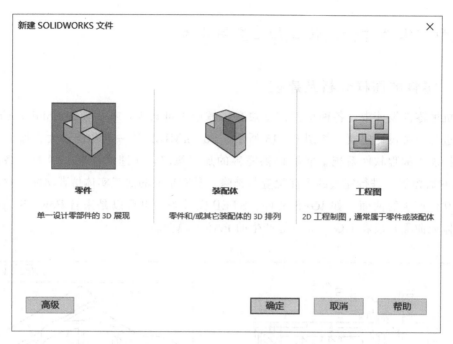

图 6 - 16   默认模板

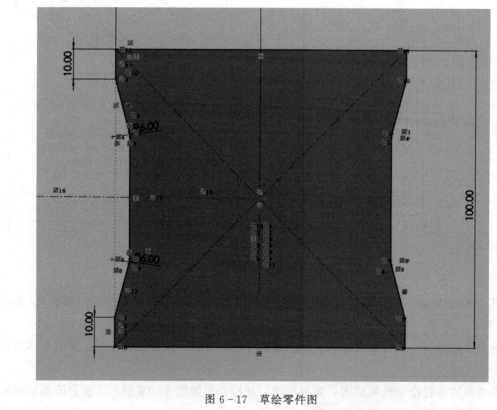

图 6 - 17   草绘零件图

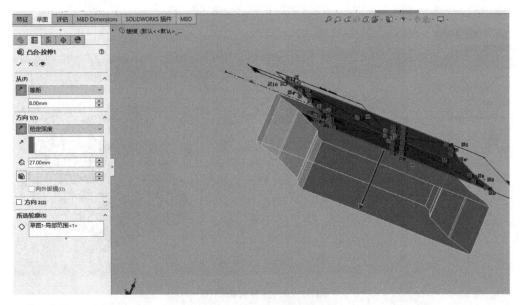

图 6 – 18　拉伸特征

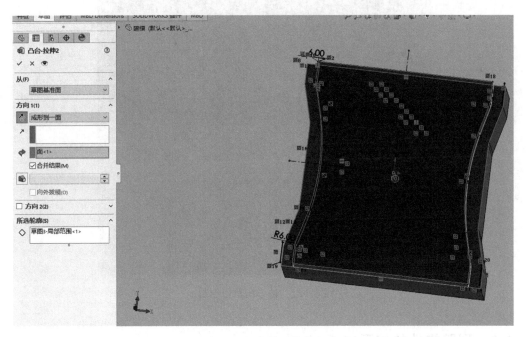

图 6 – 19　拉伸基体特征

　　绘制直径为 64 mm 的圆，并拉伸切除，生成实体。绘制图 6 – 21 所示的草图，用于拉伸切除腰形槽。选择倒角指令，完成倒角，零件图如图 6 – 22 所示。

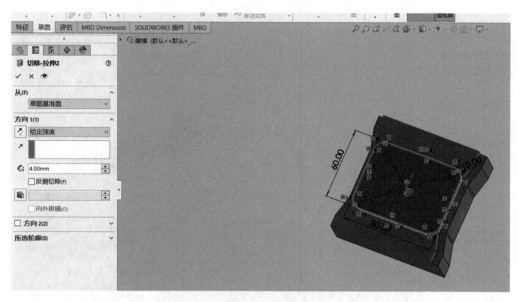

图 6 - 20　拉伸去除凹槽

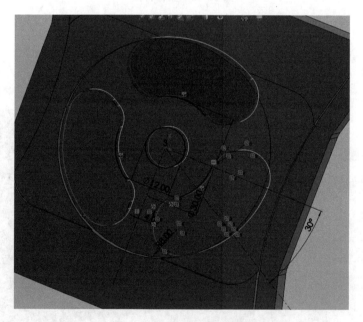

图 6 - 21　腰形槽草图绘制

6.3.2　型腔零件的仿真加工

数控加工是指数控机床在虚拟环境中的映射，它集制造技术、机床数控理论、CAD、CAM、建模与仿真技术于一体。人能够凭直觉感知计算机产生的三维仿真模型的虚拟环境，在设计新的方案或更改方案时，能够在真实制造之前，在虚拟环境中进行零件的数控加工。所建虚拟加工环境在视区中可以实现缩放、旋转和平移，仿真环境逼真、用户操作

图 6 - 22　零件图建模完成

简便。可以检查数控程序的正确性、合理性，对加工方案的优劣做出评估与优化，从而最终达到缩短产品开发周期，降低生产成本，提高产品质量和生产效率的目的。

1. 零件背面加工

双击 PowerMILL 打开软件，把修改好的模型拖入软件里，先加工背面，如图 6 - 23 所示。创建毛坯，单击选择"世界坐标系"，类型选择模型，然后单击"计算"，完成毛坯的创建，如图 6 - 24 所示。

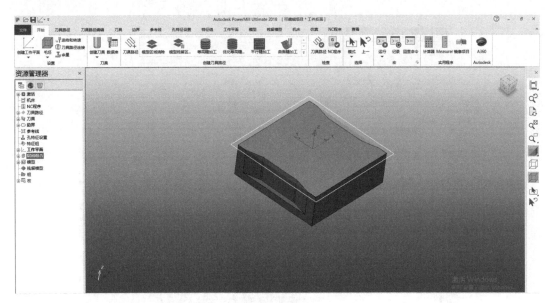

图 6 - 23　工件背面

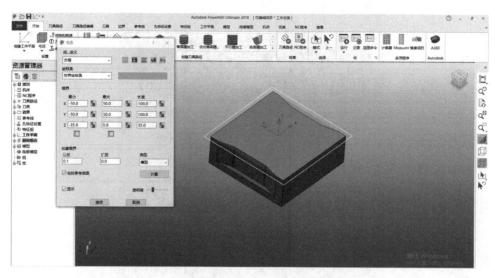

图 6-24 工件毛坯创建

首先进行粗加工设置，单击"模型区域清除"，单击设置坐标系为世界坐标系，1 号刀具，选择直径 15 mm 飞刀杆。选择加工方式为偏移所有，设置参数单击"确定"，生成粗加工刀具路径，图 6-25 所示为模型区域清除。

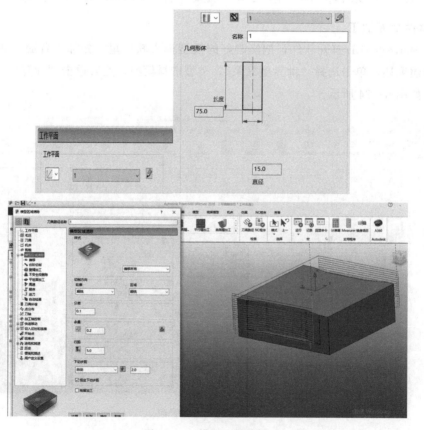

图 6-25 模型区域清除

精加工时，单击"等高精加工"，单击设置坐标系为 1 号刀具，选择直径 6 mm 立铣刀，选择排序方式为区域，单击"确定"，生成精加工刀具路径，如图 6-26 所示。

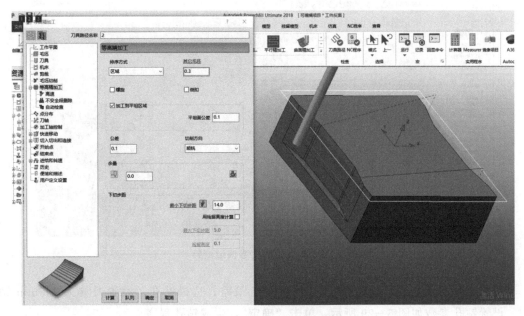

图 6-26　等高精加工参数设置

2. 零件正面加工

保存背面加工，再次打开软件。把修改的模型拖入，准备加工工件正面。设置毛坯，计算毛坯，如图 6-27 所示。单击"模型区域清除"，选择偏移模型，设置参数，单击"确认"，生成粗加工刀具路径，如图 6-28 所示。

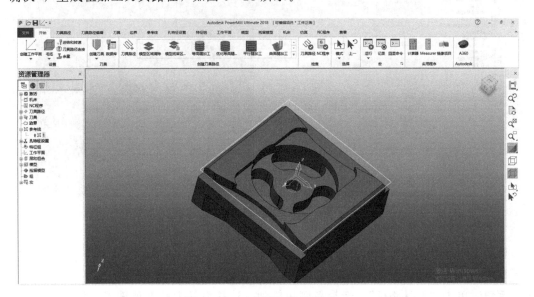

图 6-27　再次调出模型正面加工

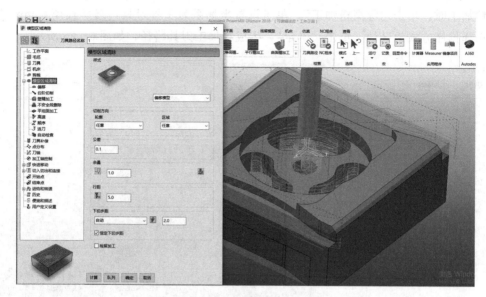

图 6-28　正面模型区域清除

粗加工孔，单击"刀具路径"，选择孔加工策略，选择钻孔，设置刀具为 11 mm 钻头。设置钻孔参数如图 6-29 所示，单击"确定"，生成钻孔程序。

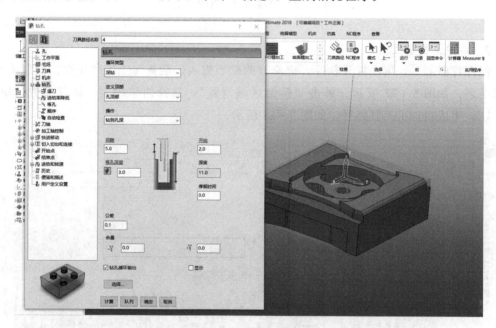

图 6-29　钻孔参数设置

精加工时选择等高精加工刀具路径，刀具直径选择 6 mm，单击"等高精加工"，设置加工参数。单击"确认"，生成精加工刀具路径，如图 6-30 所示。

倒角时单击"刀具路径"，选择平倒角铣削。选择刀具为锥度球铣刀，设置刀具角度为 45°，直径为 20 mm。设置加工参数，单击"确认"，生成图 6-31 所示的刀具路径，完

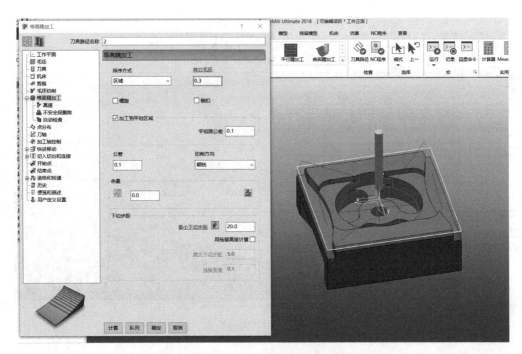

图 6-30　精加工刀具路径参数设置

成平倒角铣削。选择要仿真的程序，打开毛坯，逐条依次仿真刀具路径，确认刀具路径准确无误，结果如图 6-32 所示。

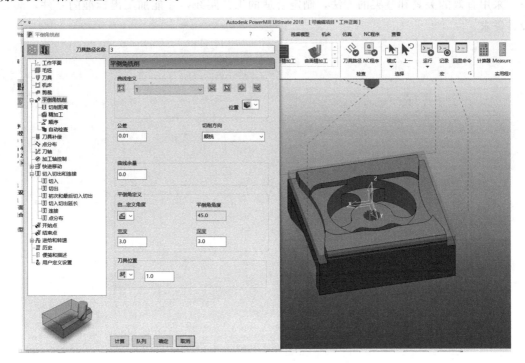

图 6-31　倒角刀路设置参数

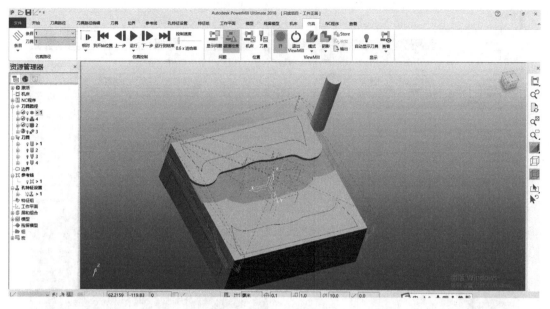

图 6-32　刀具路径仿真

　　本节主要针对岛屿类的参考零件图进行软件模拟加工，根据给出的图样进行加工工艺的制定、加工方案的确定、加工参数及刀具的选择，在 PowerMILL 软件中完成该类零件仿真模拟加工。实际生产中，在数控机床上加工此种零件，要选择合理正确的加工中心设备，采用有效的夹具和装夹的方法，制定合适的工艺路线，才能加工出标准的零件，满足设计需求。

第7章 UG软件在机械CAM技术中的应用案例

7.1 锥齿轮参数化建模与加工仿真应用案例

7.1.1 锥齿轮参数化建模

在机械零件设计中，锥齿轮的设计不可缺少，锥齿轮是机械加工中的支撑之一，表7-1所示为锥齿轮参数分析，包括大端模数、牙数、齿宽、压力角、节锥角、齿顶高系数和模数等。根据UG软件进行建模，将参数分析转变成模型。

表7-1 锥齿轮参数分析

名称	计算公式	名称	计算公式
齿顶高 h_a	$h_a = m$	分度圆直径 d	$d = mz$
齿根高 h_f	$h_f = 1.2\,m$	齿顶圆直径 d_a	$d_a = m(z + 2\cos\delta)$
齿高 h	$h = 2.2\,m$	齿根圆直径 d_f	$d_f = m(z - 2.4\cos\delta)$
齿顶角 θ_a	$\tan\theta_a = (2\sin\delta)/z$	齿根角 θ_f	$\tan\theta_f = (2.4\sin\delta)/z$
齿宽 b	$b \leqslant L/3$		

注：基本参数：模数 m、齿数 z、分度圆锥角 δ。

进入UG工作界面，单击文件工具栏中的"⬜"按钮或选择菜单命令"文件"→"新建"，打开"新建"对话框，选择"模型"，如图7-1所示。

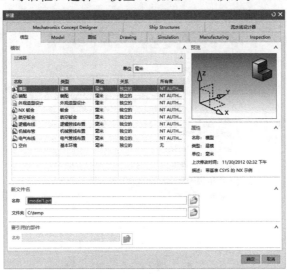

图7-1 UG新建模块

单击"锥齿轮建模" 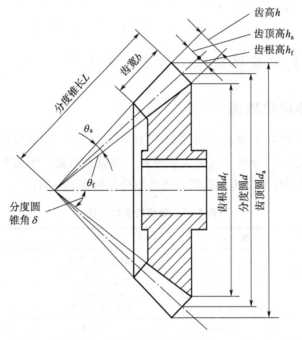，选择创建齿轮。锥齿轮一端大、一端小，大、小端的模数和分度圆直径也不相等，通常规定以大端的模数和分度圆直径作为计算其他有关尺寸的依据，如图 7－2 所示。

图 7－2　锥齿轮参数图解

设置大端模数为默认 2.5 mm，牙数为 20，齿宽为 15 mm，压力角为 20°，节锥角为 45°，齿顶高系数为 1，顶隙系数与齿根圆角半径均为 0.2，单击"确定"，参数设置如图 7－3 所示。弹出选择矢量对话框，单击"类型任务栏"，选择 Z_c 轴，单击"确定"。完成锥齿轮建模，如图 7－4 所示。

图 7－3　锥齿轮建模参数

图 7 - 4　锥齿轮建模完成零件图

7.1.2　锥齿轮的加工仿真

1. 锥齿轮正面加工仿真

打开之前创建好的模块文件，将之前的模块隐藏，如图 7 - 5 所示。选择拉伸，在 XY 平面绘制一个直径为 55 mm 的圆作为毛坯，如图 7 - 6 所示。毛坯参数设置，如图 7 - 7 所示。

图 7 - 5　部件导航器中隐藏模型

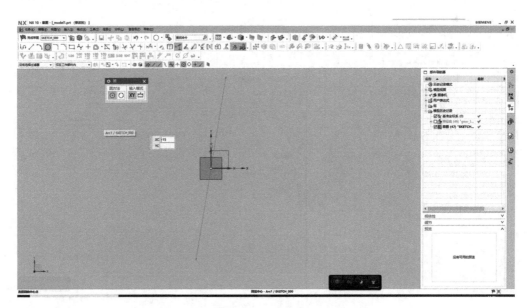

图 7-6　拉伸毛坯

图 7-7　毛坯参数设置

将锥齿轮模型显示，毛坯透明化。按住＜Ctrl＋J＞弹出对话框，选中毛坯，给定 60/100 的透明度，如图 7-8 所示。

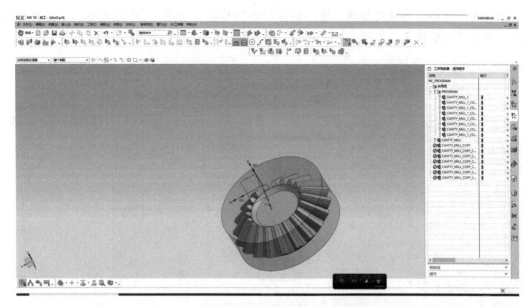

图 7 - 8　透明度效果

　　按住＜Ctrl＋Alt＋M＞进入加工模块，单击"工序导航器"，创建工序。加工类型为 MILL - ROUGH，如图 7 - 9 所示。单击"确定"后新建几何体，先选择模型，再选中毛坯。

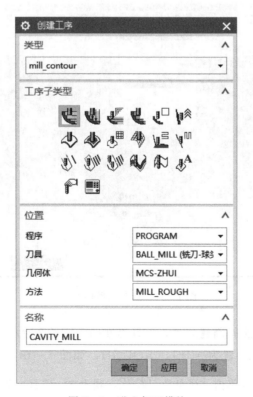

图 7 - 9　进入加工模块

选择指定部件，将毛坯隐藏，选中锥齿轮模型单击"确定"，将毛坯显示。选择指定毛坯，单击毛坯后确定，如图7－10和图7－11所示。

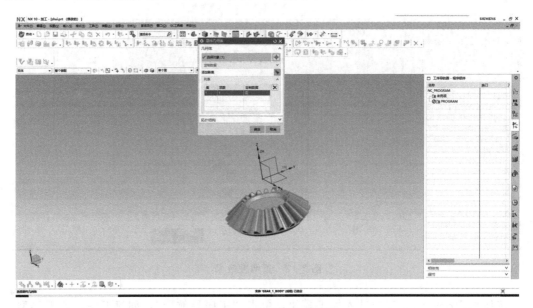

图7－10　选择几何体部件

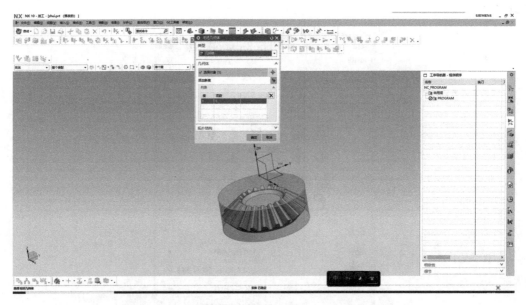

图7－11　选择几何体毛坯

单击"工具展开"，选择新建刀具，刀具属性如图7－12所示。平面直径百分比为70，最大距离为2 mm，方法设置为MILL_ROUGH，如图7－13所示。单击操作任务栏的"生成"　，计算刀轨后单击"确认"　，观看3D仿真，如图7－14所示。

图 7 - 12　①号刀具属性

图 7 - 13　工序设置

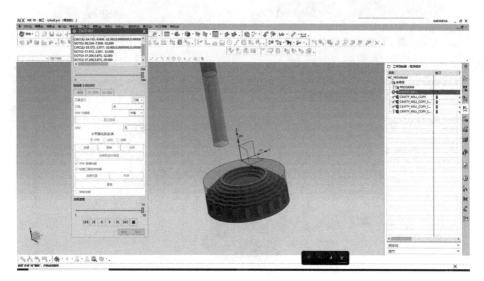

图 7 - 14　工序①加工仿真

　　将上一个工序复制粘贴，然后更改粘贴后的属性。单击"切削参数"，进入空间范围对话框，将处理中的工件改为"使用基于层的"，如图 7 - 15 所示。新建一把切削刀，属性如图 7 - 16 所示，其余不变，单击"生成"，观看仿真，如图 7 - 17 所示。

图 7 - 15　设定空间范围

图 7 - 16　②号刀具属性

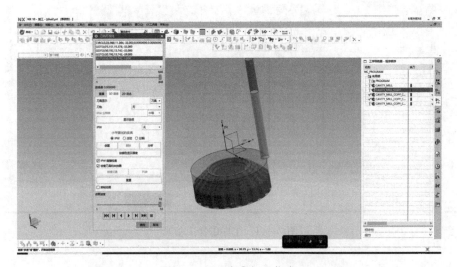

图 7 - 17　工序②加工仿真

　　重复以上步骤，复制粘贴两个工序。新建两把刀，分别生成刀具路径，轨迹观看如图 7-18～图 7～21 所示。

图 7-18　③号刀具属性

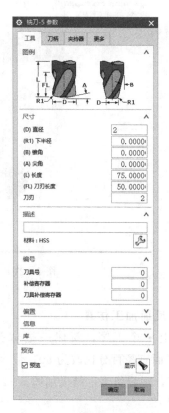

图 7-19　④号刀具属性

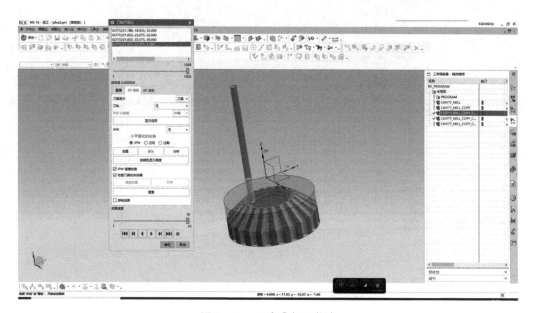

图 7-20　工序③加工仿真

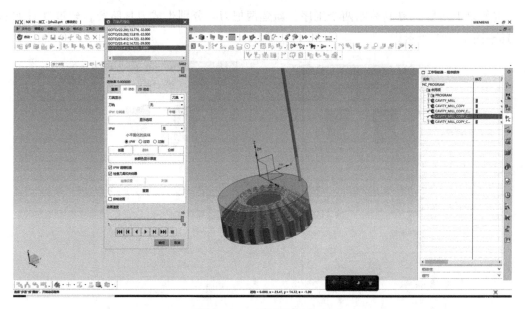

图 7-21　工序④加工仿真

2. 锥齿轮反面加工仿真

复制粘贴上一个工序，新建一把球头铣刀，属性如图 7-22 所示。将方法改为 METHOD，平面直径百分比改为 50，最大距离为 0.2 mm，如图 7-23 所示。单击"生成"→"确定"，观看仿真，结果如图 7-24 所示。

图 7-22　⑤号球头铣刀属性

图 7-23　加工方法更改

图 7 - 24　工序⑤加工仿真

复制粘贴上一个工序，刀具使用之前创建的 10 mm 平面铣刀，刀轴改为指定矢量，单击工件反面，如图 7 - 25 所示。单击"生成"，观看刀具路径，如图 7 - 26 所示。

图 7 - 25　工序⑥设置

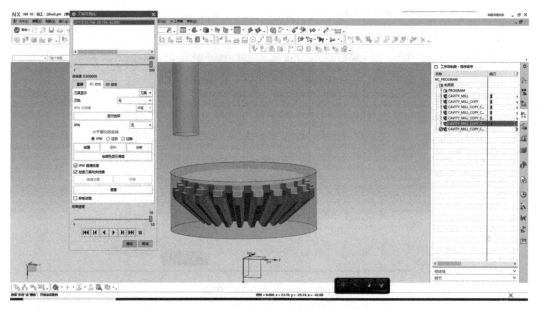

图 7-26 工序⑥加工仿真

复制粘贴上一个工序，将刀具改为之前创建的 4 mm 铣刀，单击"生成"，仿真路径如图 7-27 所示。

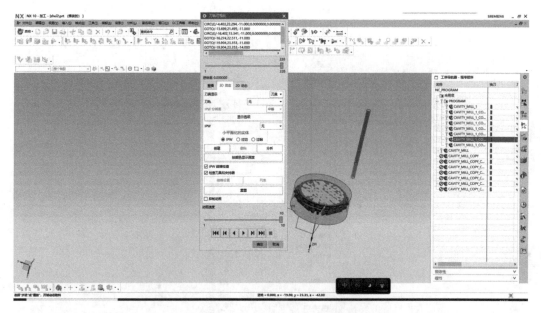

图 7-27 工序⑦加工仿真

复制粘贴上一个工序，将刀具改为之前创建的球头铣刀，单击"生成"，仿真路径如图 7-28 所示。右击工具导航器中的工序组，单击"生成"，仿真完成。

综上所述，特征是构建实体模型的基础。实体模型就像建筑物一样，是由许多特征组

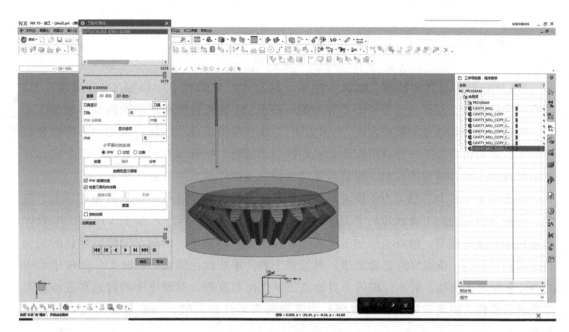

图 7-28　工序⑧加工仿真

合起来形成的。UG 就是基于特征的参数化实体造型系统，设计人员采用具有智能特性的特征功能生成零件所有特征，进而生成零件。通过 UG 数控加工在虚拟环境中的映射，能够凭直觉感知零件在三维仿真模型的虚拟环境，仿真环境逼真、用户操作简便。可检查数控程序的正确性、合理性，对加工方案的优劣做出评估与优化，从而最终达到缩短产品开发周期，降低生产成本，提高产品质量的目的。

利用 UG 加工模块产生刀具路径轨迹，首要目的是加工工件。但不能将这种未修改过的刀轨文件直接传送给机床，进行实际加工。因为机床的类型有很多，每种类型的机床都有其独特的硬件性能和要求，比如它可以有垂直或是水平的主轴，可以几轴联动等。此外，每种机床又受控制器的控制，控制器接收刀轨文件并指挥刀具的运动或其他的行为（比如冷却液开关），但控制器无法接收这种未经格式化过的刀轨文件。刀轨文件必须被修改成适合不同机床、控制器的特定参数，这种修改就是所谓的后处理，是复杂零件 CAD 和实际机械加工之间的一条连接枢纽，是将理论设计转化为实际生产的重要环节，也是CAD/CAM 一体化过程中不可缺少的组成部分，后处理最基本的两个要素就是刀轨数据和后处理器。

在有刀具和三维零件图的条件下，UG/CAM 下加工直齿锥齿轮，首先是要生成毛坯。直齿锥齿轮的毛坯形状应该是直齿锥齿轮无齿形时的形状，在 UG 的 modeling 环境下生成毛坯。首先调入要加工的齿轮，然后用 Throughcurves 功能修补曲面，使直齿锥齿轮的齿不可见。生成毛坯有助于在模拟仿真时清楚地观察毛坯切除的状况和干涉问题等。在实际加工时也需要这种形状的毛坯，毛坯可以利用车削和粗铣等加工方法生成。

7.2　复杂曲面加工仿真应用案例

　　NX/UG 软件是面向航空、航天、船舶、模具等行业的 CAD/CAM/CAE 高端软件，具有强大的实体造型和自动编程加工等功能。其 CAM 模块包含车削和铣削等多种加工方式，快速生成刀具轨迹和数控程序。VERICUT 软件能够实现车、铣、加工中心等多种数控加工设备的仿真加工，能够模拟实际机床的加工过程。能够预判加工过程，避免实际加工中出现的干涉和碰撞等现象，对复杂零件的设计及试件加工具有重要作用。

　　本节基于 UG 软件的 CAM 模块，首先对某复杂曲面零件进行结构分析和加工工艺制定，并选择合理的加工参数和加工工序，生成刀具轨迹和 NC 程序；基于 VERICUT 软件建立机床的虚拟模型，检查实际加工中可能存在的干涉和碰撞等问题，同时对零件的欠切和过切进行预估，确保零件正常加工；然后基于软件中的优化模块，检验 UG 软件中生成的 NC 程序的正确性，对不合理的刀具轨迹提供优化和改进，对程序中的转速和进给量等参数进行优化，提高实际加工的效率，为复杂曲面零件的高效、高质量加工提供了可行方案。

7.2.1　零件结构分析

　　如图 7-29 所示，零件为一复杂曲面零件，材料采用 45 钢，需要对零件的所有特征面进行加工。

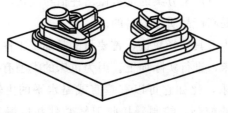

图 7-29　零件图

　　首先，分析该零件的极限尺寸，采用 UG 软件中的测量工具，测得 X 方向的极限尺寸为 130 mm，Y 方向的极限尺寸为 130 mm，Z 方向的极限尺寸为 41.5 mm，所有凹圆角半径均为 R 1 mm，因此可以确定毛坯尺寸为 130 mm×130 mm×46.5 mm。由于该零件结构复杂，曲面较多，为了便于在加工过程中有效区分平面区域和曲面区域，避免采用复杂的方法实施简单平面的加工，耗时、费力、效果差，所以需要在加工前先确定零件中的曲面区域及平面区域。在 UG 加工界面中，使用菜单命令"分析"→"模具部件验证"→"检查区域"，便可快速分析出该模具零件上所有的水平面和曲面，如图 7-30 所示。其中水平面已经标注出，其他面均为曲面或倾斜平面。

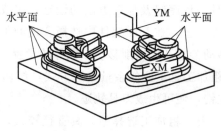

图 7 - 30　零件分析图

7.2.2　复杂曲面零件加工工艺分析

该零件为典型的曲面类零件，通过对零件的分析及加工要求，对零件进行工艺编排。该零件形状比较规则，采用平口虎钳一次装夹即可完成各成型面的加工，机床选用金工车间 DMC60U 加工中心。加工工艺分为粗加工、半精加工以及精加工，具体加工工艺编排和加工参数见表 7 - 2，刀具参数见表 7 - 3。

表 7 - 2　零件加工工艺编排和加工参数

加工内容	刀具名称	切削深度/mm	主轴转速/(r/min)	进给速度/(mm/min)
粗加工	D20R3	2	2 000	2 000
残料加工	D10R1	1	3 500	2 000
拐角粗加工	D6_L40	1	3 500	2 000
底面精加工	D15R0	0.2	4 500	2 500
其余部分精加工	R1.75	0.15	4 500	2 500

表 7 - 3　刀具参数

序号	名称	直径/mm	下半径/mm	刃长/mm	长度/mm
1	D20R3	20	3.0	50	75
2	D10R1	10	1.0	22	30
3	R4	—	4	6	16
4	D15R0	15	0.5	22	30
5	R1.75	—	1.75	20	30

7.2.3　自动编程加工

UG 软件的加工（CAM）模块界面友好，具有强大的功能，能优化加工工艺参数和刀具轨迹，提高自动编程效率。

1. 前置处理

前置处理是根据被加工零件的结构特征，结合工艺规划以及转速、进给量和切削深度等工艺参数，生成描述加工过程的刀具轨迹信息文件，从而实现零件的正确切削。根据该零件的加工材料及结构尺寸，设置毛坯尺寸为 130 mm×130 mm×46.5 mm，再进行工件坐标系（加工坐标系）、刀具、程序组及加工方法的设定，完成加工前的相关设置。接着根据表7-2制定的零件加工工艺，在UG软件中选择合适的加工方法，并进行步距、切削模式、加削深度、切削移动参数及非切削移动参数等的设置，具体如下：

1）创建粗加工工序。粗加工是主要的余量去除方式，约切除80%的加工余量，因此加工方法选择最常用的型腔铣，便可生成刀具轨迹。

2）创建残料加工工序。由于粗加工选择的刀具直径较大，加之加工参数的影响，一些较小的圆角部分还存在未去除的余量，需要采用剩余铣来去掉这些余量，因此残料加工可以继续选择"型腔铣"操作创建一个剩余铣工序，便可生成刀具轨迹。

3）创建拐角粗加工工序。选择"拐角粗加工"对未加工到的拐角部分进行加工，生成刀具轨迹，如图7-31所示。

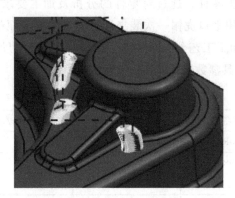

图7-31　拐角粗加工刀具轨迹

4）创建底面精加工程序。通过零件分析，从图7-30中可以看出零件顶面和凸台顶面均为平面区域，因此选择"底壁加工"操作对底面进行精加工。指定切削区底面如图7-32所示，壁几何体如图7-33所示，生成刀具轨迹如图7-34所示。

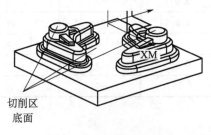

图7-32　切削区底面

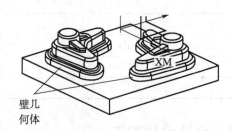

图7-33　壁几何体

5）创建其他面精加工工序。选择"深度轮廓铣"的加工方法对其余未加工面进行精加工，由于剩余面为曲面，选择R1.75的球刀进行加工，便可生成刀具轨迹。

2. 后置处理

前置处理生成的刀具轨迹文件，是不能直接被数控机床所识别的，这就需要将刀轨文件转换成数控机床所能识别的数控（NC）程序，才能控制机床进行实际加工，这一转换

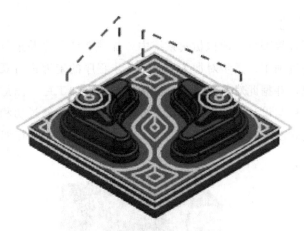

图 7 - 34　底面精加工刀具轨迹

过程就是后置处理。一般 UG 软件自身会提供常用机床的后置处理模块，来生成 NC 程序，但由于软件本身提供的后置处理器有限，不能满足所有机床，因此，也可以借用专业的后置处理软件，如 IMSPOST 和 SPOST 等根据机床实体结构开发后置处理器，生成 NC 程序。

7.2.4　基于 VERCUT 的虚拟仿真加工

对于结构比较复杂的零部件，通过 UG 软件自动生成的 NC 程序很难人工判别其正确性。用首件试切的方式通常能够检验加工中出现的过切和欠切等工艺问题，但若实际加工中出现干涉或碰撞等危险情况便会给机床安全带来一定的威胁，也会给企业带来一定的经济损失。

VERCUT 仿真平台能够针对机床结构及加工功能构建与实际机床完全一致的虚拟仿真模型，通过仿真加工，快速识别加工中可能存在的干涉和碰撞等危险情况，同时通过对仿真加工结果进行检测，可有效预判工件的过切和欠切情况，方便对工艺轨迹处理中存在的不合理之处进行优化，以提高复杂工件的加工效率和质量。

1. 虚拟仿真系统构建

文中选用 DMC60U 立卧双输加工中心来对复杂曲面零件进行加工。在 VERCUT 中，根据机床运动部件间的依附关系，构建机床运动树，建立各运动轴间逻辑关系。

构建完成机床各运动轴的运动逻辑顺序后，需对机床各实体进行建模。通过激光尺等工具结合机床手册，完成机床各机构的几何尺寸测量，应用 UG 软件建立各部件的三维模型。将建立的模型以 STL 格式文件按照机床各对应关系导入 VERCUT 运动树中，完成机床几何模型构建。

机床几何模型构建完成后，需对机床零点、G 代码偏置、刀具库、碰撞检测等进行设置，同时还需完成机床控制系统的配置，对于机床中应用的特殊 G 代码进行专门定制，确保虚拟加工系统具有与实际机床完全一致的加工功能。

2. 仿真加工及优化

　　将工件毛坯及零件模型导入虚拟仿真系统中，加载 NC 程序并进行对刀点的设置，进行仿真加工。通过仿真加工，逐步对加工过程中各步程序的走刀进行观察，检查加工中存在的干涉和碰撞情况，并据此对前置工艺进行优化。仿真加工后，测量加工后工件的表面精度，并将加工后工件与设计零件进行对比，分析加工中存在的过切和欠切问题，通过分析产生的原因进行优化改进，以提高零件的加工精度。仿真加工过程如图 7 - 35 所示。

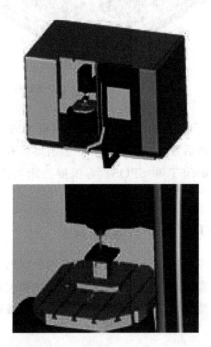

图 7 - 35　仿真加工过程

　　通过仿真加工，对 NC 程序中各步走刀轨迹的正确性进行检验，避免了实际加工中可能出现的碰撞和干涉。利用 VERCUT 提供的优化模块，通过设置使用刀具的具体参数以及实际机床参数，对程序中的主轴转速和进给速度等参数进行优化。该优化方式不改变源文件中的刀具运动轨迹及刀轴矢量，因此不会造成二次误差及错误。通过优化前后的仿真加工时间对比，可以看出加工时间明显缩短，但加工后工件精度并没有降低。

　　本节以某复杂曲面零件为例，对零件进行结构分析及加工工艺规划，并基于 UG 和 VERCUT 软件完成零件的自动编程和仿真加工，最后在 DMC60U 机床上进行实际加工验证。结果表明，本文加工方法有效解决了曲面零件加工中的难点问题，通过 UG 软件的 CAM 模块，可快速获得刀具轨迹文件及 NC 程序，同时基于 VERCUT 软件建立的机床仿真加工系统，能够方便地验证 NC 程序的正确性和合理性，不但提高了加工的安全性，同时还提高了零件的表面加工质量，延长了刀具使用寿命，提高了零件的加工效率。实践证明，本加工方式能够提高新产品开发及试制效率，提高企业的经济效益。

第8章　机械创新设计案例

8.1　创新的基本技法与思维

　　创新的基本技法是人们在长期的创造活动中的实践总结和理论归纳，也是指导人们开展创新实践的基本法则。这些技法提供了某些具体改革与创新的应用程序，还提供了进行创新探索的一种途径，当然在运用这些技法时，还需要知识与经验的参与。

1. 综合创新

　　综合是指将研究对象的各个方面、各个部分和各种因素联系起来加以考虑，从整体上把握事物的本质和规律。综合创新是运用综合法则的创新功能去寻求新的创造，其基本模式如图 8-1 所示。

图 8-1　综合创新模式

　　综合不是将对象各个构成要素进行简单相加，而是按内在联系合理组合起来，使综合后的整体作用导致创造性的新发现。综合已有的不同科学原理可以创造出新的原理。例如，牛顿综合开普勒的天体运行定理和伽利略运动定律，创建了经典力学体系。

　　综合已有的事实材料可以发现新规律。例如，门捷列夫综合已知元素的原子属性与相对原子质量、原子价关系的事实和特点，发现了元素周期律。

　　综合不同的学科能创造出新学科，例如信息科学、生物科学、材料科学和能源科学等都属于综合性学科。

2. 还原创新

　　还原创新是指返回创新原点，即在创新活动中，追根寻源找到事物的原点，再从原点出发寻找各种解决问题的途径。简单地说就是暂时放下所研究的问题，回到驱使人们创新的基本出发点。

　　打火机的发明也应用了还原创新原理。它突破现有火柴的框框，把最本质的功能——发火功能抽取出来，把摩擦发火改变为用气体或液体作为燃料的打火机。再以研制洗衣机为例，首先想到的是如何代替手搓、脚踩、板揉和捶打，结果导致了研究问题的复杂性，使创新活动受阻，实际上返回问题的原点就是分离问题，即将污物与衣物分离。从这个原点出发寻找解决问题的途径，广泛考虑各种各样的分离方法，如机械分离、物理分离和化学分离等，就可以研制出基于不同工作原理的各种洗衣机。

还原换元是还原创造的基本模式。所谓换元，是通过置换或代替有关的技术元素进行创造的。

3. 移植创新

移植创新是借用某一领域的成果，引用、渗透到其他领域，用以变革和创新，其基本模式如图 8-2 所示。

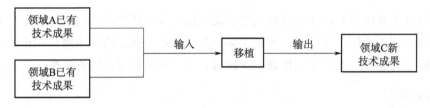

图 8-2　移植创新模式

主要的移植内容和方式有原理移植、方法移植和结构移植等。在机械创新设计方面，应用移植创新原理取得成功的例子很多，如人们在设计汽车发动机化油器时，移植了香水喷雾器的原理，在塑料电镀上移植了金属电镀的方法，滚动轴承的结构移植到移动导轨上产生了滚动导轨等。移植创新是先有问题，然后去寻找原形，并巧妙地将原形应用到所研究的问题上。

4. 逆向创新

逆向创新是将思考过程反转过来，从构成要素中的对立面来思考，以寻找解决问题的新途径和新方法。逆向创新法也称为反向探求法。

18 世纪初，人们发现了通电导体可以使磁针转动的磁效应。法拉第运用逆向思维反向探求，探索"是否能将磁变成电"的问题。经过 9 年的研究，终于成功发现了电磁感应现象，制造出了世界上第一台感应发电机。

以上介绍了几种创新技法，在具体运用时，可以分别使用，但实际上这些技法往往是联合起来应用的。

8.2　创新的思维方法

创新的核心在于创新思维。创新思维是指在思考过程中，采用能直接或间接起到某些开拓、突破作用的一种思维。创新能力的培养和提高离不开创新思维，所以必须了解、熟悉和掌握一些创新思维的方法，并结合自身在实践中的体会及经验的积累，达到突破思维定势的障碍，实现思维的开放性、求异性和非显而易见性的目的。

1. 联想法

当人脑受到某件事物的刺激，就可能由这个刺激引起大脑中已经储存的其他事物的映像，这种心理活动就是联想。联想是人脑把不同事物联系在一起的心理活动，它是创造性思维的基础。

联想的具体方法有很多，这里主要介绍相对容易掌握和应用的查阅产品样本联想法。

查阅产品样本联想法是将两个以上彼此无关的产品或方法，强行联系在一起，从而产生独特想法的方法。这个方法的步骤是，首先打开产品样本或其他印刷品（如专利说明书等），随意将其中描写某个项目、产品、某个题目的词句挑出来；然后用上述同样的方法将描述另一个项目、产品、题目的词句挑出来；最后，将上面两种信息一一组合形成第三种产品。例如，收录机是收音机和录音机的组合，带橡皮的铅笔为橡皮和笔的组合，电热吹风机是电热丝与吹风机的组合。

这种方法的优点是方法简单，产生的效果也比较新颖。这是由于原先作为联想基础的两个物体彼此无关，所以一旦建立联系就具有新颖性。这种方法除用于新产品开发外，还可用于老产品的改造。这种方法的不足是设计产品的思路不严谨。由于这种方法是一种强制性联想，也许有些联想没什么道理，也没有实用性，所以在联想后应对各设想一一进行评价。

2. 类比法

将所研究和思考的事物与人们熟悉的并与之有共同点的某一事物进行对照和比较，从比较中找到它们的相似点或不同点，并进行逻辑推理，在同中求异或异中求同中实现创新。

类比思维并不基于严密的推理，而是源于自由想象和超常的构思。类比对象间的差异越大，其创造设想越具有新颖性。类比法以比较为基础，将陌生与熟悉、未知与已知相对比，这样，由此物及于彼物。由此类及于彼类，可以启发思路，提供线索，触类旁通。

常用的类比技法有因果类比、拟人类比和相似类比等。

例如，加入发泡的合成树脂，其中充满微小孔洞，具有省料、轻巧、隔热、隔声等良好性能；人们运用因果类比，联想到在水泥中加入发泡剂，结果发明了一种具有同样优越性能的新型建筑材料——气泡混凝土。比利时布鲁塞尔的某公园，为保持洁净、优美的园内环境，采用拟人类比法对垃圾桶进行改进设计，当把废弃物"喂"入垃圾桶内时，它就会说声"谢谢"，由此引起游人的兴趣，专门捡起垃圾放入桶内。尼龙搭扣的发明就是来自一位名叫乔治·特拉尔的工程师，他运用了功能类比与结构类比的技法，这位工程师在每次打猎回来时总有一种叫大蓟花的植物粘连在他的裤子上，当他取下植物时与解开衣扣进行了无意的类比，感觉到它们之间相似，并深入分析了这种植物的结构特点，发现这种植物身体长满小钩，认识到有小钩的结构特征是粘连的条件，接着运用结构相似的类比技法设计出一种带有小钩的带状织物，并进一步验证了这种连接的可靠性，进而采用这种带状织物代替普通扣子、拉链等，就形成了现在衣服上、鞋上、箱包上用的尼龙搭扣。

3. 仿生法

自然界有形形色色的生物，漫长的进化使其具有复杂的结构和奇妙的功能。从自然界获得灵感，再将其应用于人造产品中的方法，称为仿生法。这种仿生存在于创造思维的全过程中，它是对自然的一种超越。

仿生法分为原理仿生、结构仿生、外形仿生、信息仿生、拟人仿生，比如模仿鸟类飞行原理的各式飞行器，按蜘蛛爬行原理设计的军用越野车等就是利用了原理仿生。人们仿照苍蝇和蜻蜓的复眼结构，把许多光学小透镜排列组合起来，制成复眼透镜照相机，一次就可以拍出许多张相同的影像，这就属于结构仿生。模拟生物外部形状的创造方法称为外形仿生法，例如美国科学家仿蝗虫行走方式，研制出六腿行走式机器，它以六条腿代替传统的履带，可以轻松地行进在崎岖山路中。通过模拟生物的感觉（包括视觉、嗅觉、听觉、触觉等）、语言、智能等信息及其储存、提取、传输等方面的机理，研制出新的信息系统的方法称为信息仿生，例如狗鼻子的嗅觉异常灵敏，人们据此发明了电鼻子。通过模仿人体结构功能等进行创造的方法统称为拟人仿生，例如罗马体育馆的设计师将人头盖骨的结构、性能与体育馆的屋顶进行类比，成功地建造了著名的薄壳建筑——罗马体育馆。

4. 列举法

列举法是一种辅助的创新技法，它并不提供发明思路与创新技巧，但可帮助人们明确创新的方向与目标。列举法将问题逐一列出，将事物的细节全面展开，使人们容易找到问题的症结所在，从各个细节入手探索创新途径。

列举法一般分为三步进行，第一步是确定列举对象，一般选择比较熟悉和常见的进行改进和创新可获得明显效益；第二步是分析所选对象的各类特点，如缺点、希望点等，并一一列举出来；第三步从列举出的问题出发，运用自己熟悉的各种创新技法进行具体的改进，解决所列出的问题。

（1）希望点列举法

希望点列举法是发现或揭示希望有待创造的方向或目标的方法。希望点列举常与发散思维与想象思维结合，根据生活需要、生产需要和社会发展的需要列出希望达到的目标、希望获得的产品；也可根据现有的某个具体产品列举希望点，希望该产品进行改进，从而实现更多的功能，满足更多的需要。希望是一种动力，有了希望才会行动起来，使希望与现实更加接近。例如，人们希望获得一种既能在陆地上行驶，又能在水上行驶，还能在空中飞行的水陆空三栖汽车。根据这样一个希望，三栖汽车问世。它可以在陆地上仅用 5.9 s 的时间使其行驶速度增至 100 km/h，在水中可以 50 km/h 的速度行驶，可以离开地面 60 cm，并以 48 km/h 的速度向前飞行。

（2）缺点列举法

缺点列举法是揭露事物的不足之处，向创造者提出应解决的问题，指明创新方向。缺点列举法目标明确，主题突出，直接从研究对象的功能性、经济性、审美性、宜人性等目标出发，研究现有事物存在的缺陷，并提出相应的改进方案。虽然一般不改变事物的本质，但由于已将事物的缺点一一展开，能使人们容易进入课题，较快地解决创新的目标。

具体分析方法如下：

1）用户意见法：设计好用户调查表，以便引导用户列举缺点，并便于分类统计。

2）对比分析法：先确定可比参照物，再确定比较的项目（如功能、性能、质量、价格等）。

5. 系统设问法

如果提问中带有"假设""如果""是否"这样的一些词，就会启发思维，促进想象力。系统设问法正是根据这样的思路，针对事物的 9 个方面，系统列举问题，然后逐一加以研究、讨论，从而使人们萌生出许多新的设想，具体方法见表 8 - 1。

表 8 - 1　系统设问法

序号	设问项目	简要说明
1	有无其他用途	有无其他用途？有无新的使用方式？如何改进已知的使用方式
2	能否借用	能否借用别的经验？有无与过去相似的东西？能否模仿点什么
3	能否改变	能否做出某些改变？可否通过旋转、弯曲、回转的办法加以改变？功能、颜色、运行、味道、形式、轮廓可否改变？有无其他可能的改变
4	能否放大	能否增加什么？时间、频率、强度、质量、尺寸、附加价值、材料能否增加
5	能否缩小	能否减少什么？能否再小点？能否浓缩？能否微型化？能否再低些？能否再短些？能否再轻些？能否省略？能否精简
6	能否代用	能否取而代之？是否有其他材料？是否有其他成分？是否有其他配置？是否有其他方法？是否有其他制造工艺？是否有其他能源？是否有其他过程？是否有其他场所？是否有其他颜色、音响、照明
7	能否调整	可否调整顺序、排列、速度、条件、模式、配置？可否调整为其他的型号？可否有其他设计方案？可否有其他程序？可否有其他工作状态？可否调换的原因与效果
8	能否颠倒	可否变换正负？可否颠倒方位？可否调换相对元件位置？可否前后颠倒？可否上下颠倒？反向有何作用
9	能否组合	在这件物品上可加上别的东西吗？可否推出混合物、合金新品种、新配套？可否把零件、部件、连接件重新组合？目的能否组合？重要特征能否组合？创造设想能否综合

6. 群体集智法

（1）头脑风暴法

头脑风暴法又称为智力激励法，是现代创造学奠基者美国人奥斯本提出的，是一种创造能力的集体训练法。该技法的特点是召开专题会议，并对会议发言做出若干规定，通过这样一个手段造成与会人员之间的智力互激和思维共振，用来获取大量而优质的创新设想。

这样将参与讨论的人员组织起来，使每个成员都毫无顾忌地发表自己的观点，既不怕别人的讥讽，也不怕别人的批评和指责，是一个使每个人都能提出大量新观念、创造性地解决问题的最有效的方法。有人统计，一个在相同时间内比别人多提出两倍设想的人，最后产生有实用价值的设想的可能性比别人高 10 倍。

（2）书面集智法

书面集智法是由德国创造学家鲁尔巴赫根据德意志民族惯于沉思的性格特点，对奥斯本智力激励法加以改进而成的。该方法的主要特点是采用书面畅述的方式激发人的智力，避免了在会议中部分人因疏于言辞而表达能力差的弊病，也避免了在会议中部分人因争相发言、彼此干扰而影响智力激励的效果。该方法也称为 635 法，即 6 人参加，每人在卡片上默写 3 个设想，每轮历时 5 min。具体程序是：会议主持人宣布创造主题→发卡片→默写 3 个设想→5 min 后传阅；在第二个 5 min，要求每人参照他人设想填上新的设想或完善他人的设想，30 min 就可以产生 108 种设想，最后经筛选，获得有价值的设想。

8.3 创新设计案例

案例一：仿生纤毛传感器设计

1. 生物原理分析

在生物原理分析过程中，要综合应用生物、材料、物理、力学、机械、电子和通信等交叉学科的基础知识，分析生物体相关组织和器官的材料特性（力学性能）、结构（局部和整体结构）、工作过程和功能原理，为机械仿生设计打下坚实的基础。资料检索，通过查找生物学方面的书籍和相关期刊论文，了解到很多昆虫（如蟋蟀、蚂蚱等）体表长有毛发感受器，结构如图 8-3 所示。

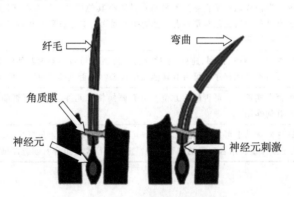

图 8-3 昆虫毛发感受器的结构

一根纤细的毛发垂直立于昆虫体表，末梢自由，根部穿过一层角质膜，和一个神经元相连。神经元内部含有液体，内外具有离子梯度。受力变形后，神经元内外产生离子流动，形成神经信号。当昆虫体表有气流经过时，毛发受气流的作用产生弯曲变形。毛发的弯曲变形通过柔性胶质膜传递给神经元，神经元产生神经信号后，通过神经纤维上传到昆虫大脑，使昆虫能够感知周围的气流变化，进而得到入侵者或者捕食者的相关信息，包括方位和距离，从而躲避天敌的追捕。相反，捕食昆虫根据体表毛发感受器的信号感知被捕食者的方位信息，快速准确捕获猎物。在这种捕猎和反捕猎的过程中，昆虫进化出了体积小、效率高、功能全的体表毛发感受器，能够通过感知周围空气流场的变化，识别天敌或捕食对象的方位。

2. 机械仿生设计

在机械仿生设计过程中主要进行材料选择和结构设计，并对组装的器件进行功能仿真或测试，将结果和仿生对象进行比较，验证仿生设计结果。

　　模仿昆虫的毛发感受器，设计一种仿生气流传感器。首先，选择合适的敏感材料，以模仿昆虫神经元的结构和功能。通过查找资料能够感知自身变形的传感元件有压阻传感器、电阻应变式传感器、电容式传感器、压电传感器及摩擦发电传感器等。神经元是一种生物组织，具有柔性特点，而压阻式、电阻式和电容式传感器都是刚性结构，不建议采用。摩擦发电式传感器结构、传感电路较为复杂，制造困难，也不建议采用。经过比较，选用结构简单的有机压电材料作为敏感材料。有机压电材料具有直接的机电转换性能，在受到外力作用产生变形时，由于压电效应将产生传感信号，可用于模拟神经元的结构和传感功能。此外，采用柔性的有机光纤杆模拟纤毛部分，采用柔性塑料薄膜模拟角质膜。

　　结构设计时，昆虫毛发感受器中的神经元内部为液体，受力变形时会产生神经信号。模仿神经元的结构，将有机压电材料聚偏二氟乙烯（PVDF）做成圆球壳体，内部填充导电液体-液体炭黑，外部涂镀金属薄层，用作外部电极。经过极化后，聚偏二氟乙烯层具有压电传感功能，整体可以作为仿生神经元。因此，采用仿生神经元的整体结构模拟昆虫纤毛感受器的神经元结构，采用弹性模量大的橡胶薄膜模拟昆虫的角质膜。昆虫的体表纤毛是一种柔性结构，可采用有机光纤模拟昆虫纤毛。设计的仿生纤毛传感器是一根直径为 0.3 mm 的光纤杆穿过厚度为 0.2 mm 的橡胶薄膜。光纤的根部和一个外径为 2 mm 的含液体芯聚偏二氟乙烯球相连，整个传感器的结构和昆虫毛发感受器的结构基本相同，如图 8-4 所示。

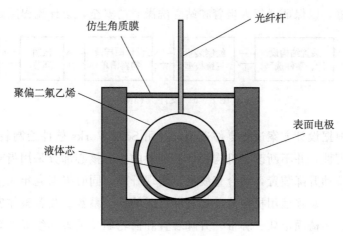

图 8-4　仿生纤毛传感器结构图

（1）功能验证

　　将仿生纤毛传感器放置在气流场中，光纤柔性杆在外部气流的作用下产生弯曲变形。通过仿生角质膜的力传递作用后，仿生神经元的壳体产生变形。由于内部液体具有体积不变的特点，仿生神经元下部将产生膨胀变形。同时，由于压电效应，内外电极将产生传感电荷。

（2）实验验证

仿生纤毛传感器的传感信号和外部的气流流速呈线性关系，即根据传感器产生的信号能够计算外部气流的流速。传感器的气流感知功能和昆虫纤毛感受器的感知功能完全类似。

仿生纤毛传感器的设计过程总结如下：首先，分析仿生对象——生物体功能器官的组织、结构，研究其组织、结构和功能之间的关系；其次，选择具有和生物组织类似力学性能的材料；再次，从局部到整体模拟生物器官的结构，设计完整的仿生纤毛传感器结构；最后，将仿生纤毛传感器放置到和生物体相同的环境中，检验仿生纤毛传感器的工作过程和功能原理，测试其传感性能。

案例二：淋浴辅助装置设计

根据世界卫生组织统计，老年人发生意外的事故率最高的是跌倒，轻则会使老年人伤筋动骨，重则会造成骨折、残疾，甚至威胁生命。老年人跌倒最主要的场所并不是公共场所，而是在家中（如浴室等）地面较为湿滑的地方。因此，为老年人设计防摔倒的浴室家居装置尤为必要。淋浴辅助装置能够让老年人坐着淋浴，通过转动摇柄齿轮机构辅助老人站立，从而使老年人的淋浴更加安全、便利。

通过调研，老人淋浴过程中易发生意外滑倒和摔伤等情况，为保证浴室安全，方便老人淋浴，同时考虑到浴室为潮湿、用水较多的环境，因此宜采用纯机械传动装置，以便于操作。装置的结构设计要求简单，便于安装、维护，成本低廉，也便于大众使用。因此，在不改变现有浴室设备的前提下，利用齿轮、滑轨等机械结构，设计一款安装在淋浴室喷头旁边的辅助装置，以保证老年人坐着和站立洗澡时的安全，设计流程图如图 8-5 所示。

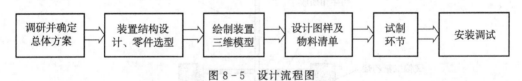

图 8-5　设计流程图

设计时，先根据设计方案进行零件选型，并用 SolidWorks 软件绘制装置的三维模型，以验证结构的合理性，并不断改进机构设计。装置的主要核心部分采用齿轮驱动绳轮，并由绳索通过滑轮拉动升降装置，结合直线滑轨实现升降，同时根据老年人生理和身体特点设计了座椅结构。本装置运用机械传动提高淋浴时的安全系数。装置整体安装在淋浴喷头旁，由固定支架、座椅固定架、绑带、升降装置和齿轮驱动装置等组成。装置上下采用固定架安装在墙面上，滑轨固定架与墙面固定架采用焊接的方式连接，下方座椅用固定架安装在滑轨固定架上。滑轨固定架上方有手柄、齿轮、绳轮及滑轮等驱动部分，通过绳索拉动沿直线滑轨上升。升降装置上设计有绑带，用来固定上身，以防遇水时身体不稳而发生倾斜。该装置能够根据身高调整座椅和升降装置的高度，总体结构如图 8-6 所示。

齿轮驱动绳轮拉动升降装置，并通过直线滑轨实现升降。齿轮装置安装在轨道上方，由摇柄、二级齿轮、绳轮、滑轮和绳索组成，如图 8-7 所示。装置工作时，通过摇动手柄驱动小齿轮带动大齿轮转动，然后由中间轴上的两个大齿轮实现动力传递，通过绳轮上

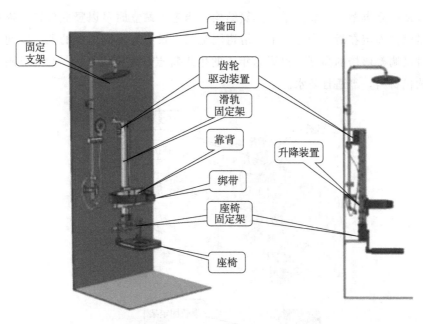

图 8-6　总体结构图

的齿轮带动绳轮转动。绳轮上的绳索通过两个滑轮与下方升降装置中的连接板连接，从而带动固定板沿直线滑轨上下运动。

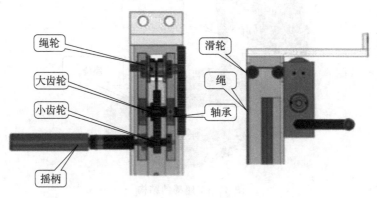

图 8-7　齿轮驱动装置

升降装置能够带动上半身上升，从而辅助老人站立淋浴，结构如图 8-8 所示。该装置由固定板、直线滑轨、滑轨固定架和连接板组成，其中直线滑轨安装有双滑块，以保证滑道平稳，滑轨上安装有连接板，连接板上方设计有与绳索连接的孔。该装置运动时，通过绳索上下运动带动连接板，使固定板沿直线滑轨上下运动。固定板与连接板用螺钉连接，后方用 4 个螺栓固定在滑轨固定架上，前面固定有软靠背，能够使淋浴背靠时更舒适。固定板左右两侧的长槽用于安装绑带。升降装置不动时，可以用左右 4 个螺栓螺母组件与滑轨固定架固定。上下移动时，松动螺栓螺母组件即可与滑轨固定架分离，待上升到合适高度时，再拧紧螺栓螺母组件即可与滑轨固定架固定。座椅通过连接架与滑轨固定架连接。为方便站立淋浴，该装置采用弹簧结构，当老人站立时可以竖立放置。连接架用螺栓和螺母紧固件固定在滑道固定架上，滑道固定架上设置有不同位置的孔，以便于根据使用人员的身高调整座椅的高度。根据老年人的生理特点，座椅设计为"O"形圈结构，上层为塑料软包材料，舒适且防水。

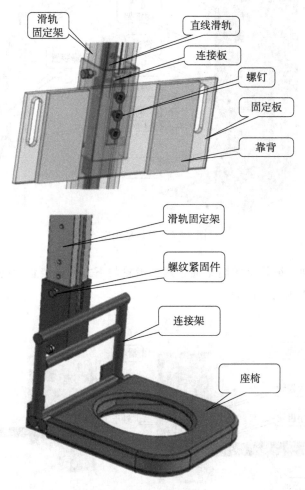

图 8-8　座椅的结构

基于创新设计理念设计的淋浴辅助装置由齿轮传动、直线滑轨以及绳索等机械结构组成，能够辅助老年人淋浴，避免老年人淋浴发生意外。淋浴时，该装置能够使老人保持坐着或站立的不同姿态，只需转动摇柄齿轮机构就能辅助老人站立，使淋浴更加安全、便利，提高了老年人的生活质量。

创新基本技法是人们在长期的创造活动中的实践总结和理论归纳，也是指导人们开展创新实践的基本法则。

参 考 文 献

［1］ 胡世超 . 液压与气动技术 ［M］. 郑州：郑州大学出版社，2008.

［2］ 周亚一，程有斌 . 机械设计基础 ［M］. 北京：化学工业出版社，2008.

［3］ 肖珑 . 液压与气压传动技术 ［M］. 西安：西安电子科技大学出版社，2007.

［4］ 周士昌 . 液压系统设计图集 ［M］. 北京：机械工业出版社，2005.

［5］ 杨正 . SolidWorks 实用教程 ［M］. 北京：清华大学出版社，2012.

［6］ 蓝汝铭 . SolidWorks2005 机械设计基础 ［M］. 西安：西安电子科技大学出版社，2013.

［7］ 王文深，王保铭 . 液压与气动 ［M］. 北京：机械工业出版社，2009.

［8］ 何存举 . 液压元件 ［M］. 北京：机械工业出版社，1982.

［9］ 杨黎明 . 机械零件设计手册 ［M］. 北京：国防工业出版社，1993.

［10］ 陈立德 . 机械设计基础 ［M］. 北京：高等教育出版社，2004.

［11］ 师忠秀，王继荣 . 机械原理课程设计 ［M］. 北京：机械工业出版社，2004.

［12］ 黄继昌，徐巧鱼，张海贵 . 实用机构图册 ［M］. 北京：机械工业出版社，2008.

［13］ 成大先 . 机械设计手册 ［M］. 北京：化学工业出版社，2005.

［14］ 李华敏，李瑰贤 . 齿轮机构设计与应用 ［M］. 北京：机械工业出版社，2007.

［15］ 管耀文 . 机构仿真运动 ［M］. 北京：人民邮电出版社，2008.

［16］ 闻邦椿 . 机械设计手册：齿轮传动 ［M］. 北京：机械工业出版社，2020.

［17］ 钟日铭 . 中文版 Creo 4.0 从入门到精通 ［M］. 北京：人民邮电出版社，2019.

［18］ 詹友刚 . Creo 4.0 机械设计教程 ［M］. 北京：机械工业出版社，2018.

［19］ 孔凌嘉 . 简明机械设计手册 ［M］. 北京：北京理工大学出版社，2008.

［20］ 陈长生 . 机械基础 ［M］. 北京：机械工业出版社，2018.

［21］ CAD/CAM/CAE 技术联盟 . UG NX 10.0 中文版从入门到精通 ［M］. 北京：清华大学出版社，
       2016.

［22］ 沈春根，孔维忠，关天龙 . UG NX11.0 有限元分析基础实战 ［M］. 北京：机械工业出版社，
       2018.

［23］ 天宫在线 . UG NX 从入门到精通 ［M］. 北京：中国水利水电出版社，2018.

［24］ 高葛 . UG NX 7.5 完全自学手册 ［M］. 北京：北京理工大学出版社，2012.

［25］ 朱春侠 . UG NX 10.0 完全学习手册 ［M］. 北京：化学工业出版社，2010.

［26］ 王侃，杨秀梅 . 虚拟样机技术综述 ［J］. 新技术新工艺，2008（3）：29 – 33.

［27］ 丁淑辉 . UG NX 10.0 运动仿真与分析教程 ［M］. 北京：清华大学出版社，2010.

［28］ 张洪国 . 虚拟样机综述 ［J］. 机电产品开发与创新，2008，21（5）：129 – 130.

［29］ 张晓珂，张孝宝，李园 . UG NX 12.0 产品设计实例精解 ［M］. 天津：军事交通学院，2009.

［30］ 李桂玲 . 基于机械创新设计理念的机械辅助装置设计与应用 ［J］. 现代制造技术与装备，2021，
       57（11）：114 – 116.

［31］ 姜亚妮，边义祥 . 新工科背景下仿生设计在"机械创新设计"课程中的教学实践 ［J］. 现代制造

技术与装备，2022，58（11）：219－221.

［32］ 高晓丽，苑妮，郑家铮.使用 PowerMill 对复杂加工件进行 CAM 设计［J］.模具制造，2019，19（4）：75－78.

［33］ 鲍仲辅，吴任和.SolidWorks 项目教程［M］.北京：机械工业出版社，2016.

［34］ 陈为，范骏.职业技能竞赛与常规教学相融合的研究与实践［J］.中国教育技术装备，2014，24：17－19.

［35］ 陈伟珍，邓岐杏，王祖金.数控铣削加工工艺参数研究［J］.装备制造技术，2007（2）：7－8＋13.

［36］ 杨扬，蔡旺.数控铣削加工工艺参数优化方法综述［J］.机械制造，2019（1）：57－63＋73.

［37］ 唐振宇.典型数控铣削零件加工工艺分析［J］.广东轻工职业技术学院学报，2010，9（3）：6－9.